U0124356

电脑自学手册系列

Photoshop CS4 图像处理
新手自学手册

文杰书院　编著

机 械 工 业 出 版 社

本书全面介绍了 Photoshop CS4 的知识及案例，主要内容包括 Photoshop CS4 的基础知识及基本操作、图像的基本编辑技术、图像选择、绘画与修饰图像、调整图像色彩模式、图层与效果技巧、矢量工具与路径、蒙版与通道、文字的编辑、滤镜的使用、动作和任务自动化、视频和动画、打印与输出等。

本书采用双色印刷，使用了简洁大方的排版方式，使读者阅读更方便，学习更轻松。

本书面向学习图形图像处理的初学者和具有一定操作经验的读者，适合平面设计、包装设计、网页美工设计、摄影爱好者等人士作为参考用书，还可以作为电脑培训学校 Photoshop 课程的培训教材。

图书在版编目（CIP）数据

Photoshop CS4 图像处理新手自学手册/文杰书院编著 . —北京:机械工业出版社,2010.7
（电脑自学手册系列）
ISBN 978 – 7 – 111 – 31225 – 3

Ⅰ. ①P… Ⅱ. ①文… Ⅲ. ①图形软件,Photoshop CS4 – 手册 Ⅳ. ①TP391. 41 – 62

中国版本图书馆 CIP 数据核字（2010）第 129429 号

机械工业出版社(北京市百万庄大街 22 号　邮政编码　100037)
策划编辑：丁　诚
责任编辑：丁　诚　郭　娟
责任印制：乔　宇

三河市宏达印刷有限公司印刷

2010 年 8 月第 1 版·第 1 次印刷
184mm×260mm·24.75 印张·610 千字
0001—4000 册
标准书号：ISBN 978 – 7 – 111 – 31225 – 3
　　　　　ISBN 978 – 7 – 89451 – 607 – 7(光盘)
定价：49.80 元(含 1 DVD)

凡购本书,如有缺页、倒页、脱页,由本社发行部调换

电话服务　　　　　　　　　　　网络服务
社服务中心：(010)88361066
销 售 一 部：(010)68326294　　门户网：http://www.cmpbook.com
销 售 二 部：(010)88379649　　教材网：http://www.cmpedu.com
读者服务部：(010)68993821　　**封面无防伪标均为盗版**

前言

Photoshop CS4 是 Adobe 公司推出的最新中文版图像处理软件。为了帮助初学者了解和掌握 Photoshop CS4 的使用方法，我们编写了本书。

本书根据 Photoshop CS4 初学者的学习习惯，采用由浅入深、由易到难的方式讲解，读者还可以通过随书多媒体视频教学光盘学习。全书包括以下 6 个部分。

1. Photoshop CS4 的基础知识

第 1~3 章介绍了 Photoshop CS4 的基础知识，包括认识 Photoshop CS4 的工作环境、设置工作区、文件的基本操作方法、修改画布大小和裁剪图像等。

2. 图像修饰与调整色彩模式

第 4~6 章介绍了图像修饰与调整色彩模式的方法，包括创建与编辑选区、使用绘画工具、使用填充工具、使用擦除工具和调整命令的使用等。

3. 图层、矢量工具与路径

第 7 章与第 8 章全面介绍了图层、矢量工具与路径，包括创建与编辑图层、排列与分布图层、图层样式、创建路径、调整路径和编辑路径等。

4. 蒙版、通道与文字的编辑

第 9 章与第 10 章介绍了蒙版、通道与文字编辑，包括矢量蒙版、图层蒙版、创建与编辑通道、输入文字、格式化字符与段落和编辑文字等。

5. Photoshop 的高级应用

第 11~15 章介绍了 Photoshop 高级应用，包括滤镜的使用、任务自动化、创建视频图像、打印与输出、色彩管理与系统预设等。

6. 综合应用实例

第 16 章制作了两个综合应用实例，分别为晨雾效果和火焰字。

本书由文杰书院组织编写，参与本书编写工作的有李军、李强、张辉、李智颖、蔺丹、高桂华、周军、李统财、安国英、蔺寿江、刘义、贾亚军、蔺影、周莲波、贾亮、闫宗梅、田园、高金环、施洪艳、贾万学、安国华、宋艳辉等。

鉴于编者水平有限，书中纰漏和考虑不周之处在所难免，热忱欢迎读者予以批评、指正。

如果您在使用本书时遇到问题，可以访问网站 http://www.itbook.net.cn 或发邮件至 itmingjian@163.com 与我们交流和沟通。

编　者

目录

v

第 10 章　文字的编辑 ························· 201

第 11 章　滤镜的使用技术 ························· 223

第1章

了解Photoshop CS4

本章内容导读

本章介绍了图像的基础知识、Photoshop CS4 的工作环境和设置工作区的方法,最后以"在不同的屏幕模式下切换"和"调出面板"为例,练习 Photoshop CS4 的基础操作。

本章知识要点

☑ **Photoshop CS4 简介**
☑ **图像的基础知识**
☑ **Photoshop CS4 的工作环境**
☑ **设置工作区**

1.1 Photoshop CS4 简介

本节导读

Photoshop CS4 是 Adobe 公司 Photoshop 软件的升级产品，该版本的软件与以前的版本相比，在界面和功能上有很大的改变，可以提高工作效率。

1.1.1 Photoshop CS4 的应用领域

Photoshop CS4 是一款功能强大的图像处理软件，广泛应用于各个领域。

1. 平面设计

Photoshop 是平面设计工作者必须掌握的软件之一，可以使用该软件制作平面广告、海报、封面和 POP(用于店铺展示的店头陈设)等，如图 1-1 所示。

2. 摄影

使用数码相机拍摄的照片，包括广告摄影和婚纱照片等，可以使用 Photoshop CS4 进行处理，如图 1-2 所示。

图 1-1

图 1-2

3. 网页设计

网页界面中有许多精美的图片，大多是先用 Photoshop 制作，再将图片导入 Dreamweaver 中进行后期处理，如图 1-3 所示。

4. 界面设计

一些软件或游戏的界面可以使用 Photoshop 制作，如水晶按钮和梦幻效果等，从而使操作界面具有真实的质感，如图 1-4 所示。

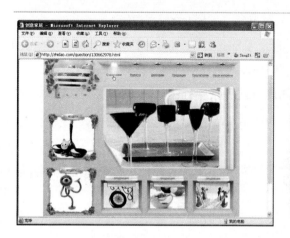

图 1-3

图 1-4

1.1.2 Photoshop CS4 新增的特性和功能

Photoshop CS4 较以前的版本在特征和功能上有很大的改变，包括【调整】面板、【蒙版】面板、【快速选择】工具、文件显示选项卡、【Br】（Bridge）按钮和 3D 功能等。

1.【调整】面板

在【调整】面板中可以直接对图片的亮度/对比度、色阶、曲线、曝光度、自然饱和度、色相/饱和度、色彩平衡、黑白、照片滤镜、通道混合器、反相、色调分离、阈值、渐变映射和可选颜色等进行设置，如图 1-5 所示。

2.【蒙版】面板

在【蒙版】面板中提供了创建和编辑蒙版的工具，并且可以快速对蒙版的边缘和颜色进行调整，如图 1-6 所示。

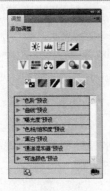

图 1-5   图 1-6

3.【快速选择】工具

【快速选择】工具是 Photoshop CS4 新增的功能,可以通过调整圆形画笔的笔尖快速地选择对象,如图 1-7 所示。

4. 文件显示选项卡

如果同时打开多个图像文件,在文件窗口中显示打开文件的选项卡,以方便在不同图像文件中切换,如图 1-8 所示。

图 1-7   图 1-8

5.【Br】按钮

在 Photoshop CS4 界面中单击【Br】按钮,可以打开【Br】窗口,管理使用的图像文件,如图 1-9 所示。

6. 3D 工具

Photoshop CS4 新增了 3D 功能,可以直接对 3D 对象进行旋转、滚动、平移和缩放等,并可以将常见的 3D 格式导出,如图 1-10 所示。

图1-9

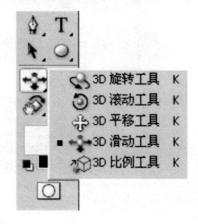

图1-10

1.2 图像的基础知识

图像是 Photoshop 的基本元素，是进行处理的主要对象。 使用 Photo-shop 对图像进行处理，可增加图像的美感，并将图像保存为各种格式。 本节介绍有关图像的基础知识。

1.2.1 图像类型

可以将计算机图像分为两大类,分别为位图和矢量图,一般在 Photoshop 软件中进行处理的图像多为位图,也会有少量的矢量图,下面具体介绍有关位图与矢量图的知识。

1. 位图

位图也称点阵图,由像素的单个点组成,可以对这些点进行不同的排列和染色以构成图像。对位图进行放大时可以看到构成该位图的像素点,图像放得越大,像素点增加得越多,使得图像失真,无法显示真实的图像,所以,在处理位图时应着重考虑分辨率。在对文档窗口进行缩放的过程中,虽然图形放大后失真,但并不影响图像的大小,仅是显示对当前图像的放大效果,如图1-11所示。

图 1-11　位图

2. 矢量图

矢量图是根据几何图形绘制的图像,由点、线、圆和多边形等构成。矢量图的特点为文件占用空间小、图像元素对象可以进行编辑、图像的放大或缩小不受分辨率的影响,而且图像的分辨率不依赖于输出设备,缺点是重新绘制图像比较困难,而且逼真度较低,如图 1-12 所示。

图 1-12　矢量图

1.2.2　像素和分辨率

像素是用来计算数码影像的单位,将图像放大后,会发现图像是由许多小方块组成的,这些小方块就是像素,一个图像的像素越高,其色彩越丰富,越能表达图像真实的颜色。

分辨率是指屏幕图像的精密度,指显示器所能显示的像素数量,屏幕分辨率越高,屏幕显示区域越大,屏幕中的对象越小;屏幕分辨率越低,屏幕显示区域越小,屏幕中的对象越大。

1.2.3 图像文件格式

文件格式是电脑为了存储信息而使用的特殊编码方式,主要用于识别内部存储的资料,常用的图像文件格式包括 GIF、JPG、PNG 和 BMP 等。Photoshop 支持几十种文件格式。图像文件的格式及特点如表 1-1 所示。

表 1-1　图像文件的格式及特点

文件格式	特　点
PSD	PSD 格式是 Photoshop 图像处理软件的专用文件格式,它可以比其他格式更快速地打开和保存图像,很好地保存层、蒙版,压缩方案,不会导致数据丢失等
BMP	BMP 是一种与硬件设备无关的图像文件格式,该格式被大多数软件所支持,主要用于保存位图文件。BMP 格式支持 RGB、索引和灰度等颜色模式,但不支持 Alpha 通道
GIF	GIF 格式为 256 色 RGB 图像格式,其特点是文件尺寸较小,支持透明背景,适用于网页制作
EPS	EPS 是处理图像工作中最重要的格式,它在 Mac 和 PC 环境下的图形和版面设计中广泛使用,用于在 PostScript 输出设备上打印
JPEG	JPEG 是一种压缩效率很高的存储格式,但是当压缩品质数值过大时,会损失图像的部分细节,JPEG 格式的图像广泛应用于网页制作和 GIF 动画
PDF	PDF 是由 Adobe Systems 创建的一种文件格式,允许在屏幕上查看电子文档。PDF 文件还可被嵌入到 Web 的 HTML 文档中
PNG	PNG 是用于无损压缩和在 Web 上显示图像的一种格式,与 GIF 格式相比,PNG 格式不仅限于 256 色
TIFF	TIFF 格式是一种应用广泛的图像格式,支持一个 Alpha 通道的 RGB、CMYK、灰度模式,以及无 Alpha 通道的索引、灰度模式,16 位和 24 位 RGB 文件,并且可以设置透明背景

1.3 Photoshop CS4 的工作环境

本节导读

Photoshop CS4 的工作界面有很大的改变, 新的排列方式更有助于使用者集中精力创建和编辑图像。 本节介绍 Photoshop CS4 工作界面的组成和相应的功能。

1.3.1 工作界面组件

在 Photoshop CS4 工作界面中包括应用程序栏、菜单栏、工具选项栏、标题栏、面板组、工具箱、文档窗口和状态栏等,如图 1-13 所示。

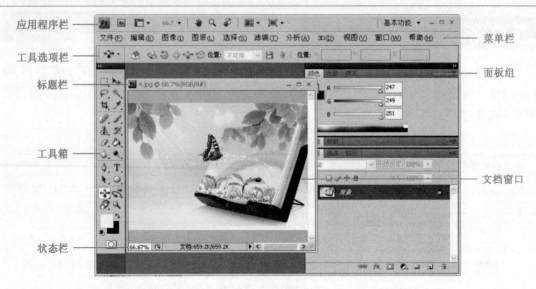

应用程序栏
工具选项栏
标题栏
工具箱
状态栏
菜单栏
面板组
文档窗口
文件(F) 编辑(E) 图像(I) 图层(L) 选择(S) 滤镜(T) 分析(A) 3D(D) 视图(V) 窗口(W) 帮助(H)
基本功能
4.jpg @ 66.7%(RGB/8#)
66.67%
文档:659.2K/659.2K

图 1-13　工作界面组件

1.3.2 应用程序栏

应用程序栏位于 Photoshop CS4 的最上方，包括【Ps】按钮、【Br】按钮、【查看额外内容】按钮、【缩放级别】下拉列表框、【抓手工具】按钮、【缩放工具】按钮、【旋转视图工具】按钮、【排列文档】按钮、【屏幕模式】按钮、【基本功能】按钮、【最小化】按钮、【向下还原】按钮和【关闭】按钮，可以快速地对操作界面进行调整，如图 1-14 所示。

Ps
Br
50%
基本功能

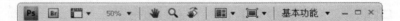

图 1-14　应用程序栏

1.3.3 菜单栏

菜单栏位于应用程序栏的下方，包括【文件】、【编辑】、【图像】、【图层】、【选择】、【滤镜】、【分析】、【3D】、【视图】、【窗口】和【帮助】主菜单，选择相应的主菜单可以执行相应的命令，如图 1-15 所示。

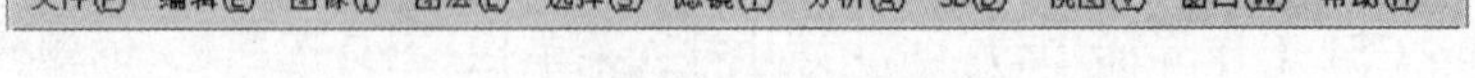

文件(F) 编辑(E) 图像(I) 图层(L) 选择(S) 滤镜(T) 分析(A) 3D(D) 视图(V) 窗口(W) 帮助(H)

图 1-15　菜单栏

1.3.4 工具选项栏

　　工具选项栏位于菜单栏的下方,也称控制面板,执行一个命令时,在工具选项栏中显示该命令使用的一组参数,如图1-16所示。

图1-16　工具选项栏

1.3.5 标题栏

　　标题栏可以显示当前打开的图像名称、文件格式、窗口缩放比例和颜色模式等信息,如图1-17所示。

图1-17　标题栏

1.3.6 面板组

　　默认情况下,面板组中包括【图层】、【颜色】、【选项】和【工具】面板。可以根据绘制图形的需要自行添加面板,选择【窗口】主菜单,在弹出的下拉菜单中选择准备添加的面板菜单项即可,如图1-18所示。

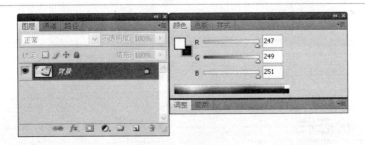

图1-18　面板组

1.3.7 工具箱

　　工具箱中包括绘制或编辑图像使用的各种工具,并可以根据工作界面的大小将其单排显示或双排显示,如图1-19所示。

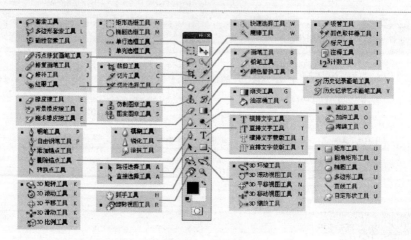

图1-19 工具箱

1.3.8 文档窗口

文档窗口是显示图片的主要区域,如果同时打开多个窗口,将会以选项卡的形式显示图像,单击相应的选项卡即可显示该图像文件,如图1-20所示。

图1-20 文档窗口

1.3.9 状态栏

状态栏位于文档窗口的最下方,显示文档的窗口缩放比例、大小、文档尺寸和当前工具等。如果要显示更多的内容,可以单击状态栏右侧的【向右】按钮▶,选择【显示】菜单项,选择准备添加的状态信息菜单项即可,如图1-21所示。

| 25% | 文档:5.49M/5.49M | ▶ |

图1-21 状态栏

设置工作区

本节导读

工作区是 Photoshop CS4 的主要区域，在工作区中可以进行创建和编辑图像的工作，并可以使用网格、标尺、参考线和文字注释等辅助绘图。本节介绍设置工作区的方法。

1.4.1 自定义工作区

在 Photoshop CS4 中，可以根据自己的习惯自定义工作区，包括基本工作区和预设工作区，并可以将工作区保存或删除。

1. 基本工作区

默认情况下，基本工作区为基本功能(默认)，除此之外还包括"基本"和"CS4新增功能"两个工作区，如果对当前的工作区进行更改，Photoshop CS4 的工作界面也会改变，如图1-22所示。

2. 预设工作区

预设工作区包括"高级3D"、"分析"、"自动"、"颜色和色调"、"绘画"、"校样"、"排版"、"视频"和"Web"工作区，这些工作区是为简化某些任务而设计的，如图1-23所示。

```
高级 3D
分析
自动
颜色和色调
绘画
校样
排版
视频
Web
```

```
✔ 基本功能（默认）(E)
  基本
  CS4 新增功能
```

图1-22　基本工作区　　　　　　　　图1-23　预设工作区

3. 存储工作区

在 Photoshop CS4 菜单栏中选择【窗口】主菜单，在弹出的下拉菜单中选择【工作区】→【存储工作区】菜单项，系统弹出【存储工作区】对话框，可以对面板位置、键盘快捷键和菜单等进行设置，单击【存储】按钮　存储　后即可将当前工作区保存，如图1-24所示。

4. 删除工作区

存储工作区后,当前的工作区将显示为存储的工作区,如"未标题－1"。在当前工作区中无法删除该工作区,需要切换到其他工作区后,在【窗口】主菜单下选择【删除工作区】子菜单项,在弹出的【删除工作区】对话框中选择准备删除的工作区,单击【删除】按钮 删除(D) 即可删除存储的工作区,如图1-25所示。

图1-24   图1-25

1.4.2   显示与隐藏网格

在Photoshop CS4中,可以使用网格作为绘制或编辑图像的参考线来辅助绘图,下面介绍显示与隐藏网格的方法,如图1-26~图1-28所示。

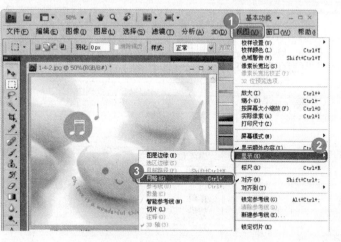

图1-26

01   选择【网格】菜单项

No1   在Photoshop CS4菜单栏中选择【视图】主菜单。

No2   在弹出的下拉菜单中选择【显示】菜单项。

No3   在弹出的子菜单中选择【网格】菜单项。

教你一招

使用快捷键快速显示网格

打开准备显示网格的图片,按下组合键〈Ctrl〉+〈'〉即可快速显示网格,再次按下该组合键即可隐藏网格。

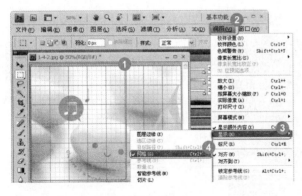

图 1-27

02 取消选择【网格】菜单项

No1 通过以上方法即可完成显示网格的操作。

No2 选择【视图】主菜单。

No3 在弹出的下拉菜单中选择【显示】菜单项。

No4 在弹出的子菜单中取消选择【网格】菜单项。

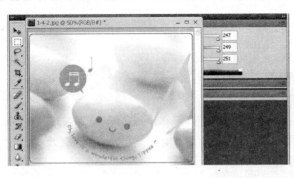

图 1-28

03 重新显示网格

通过以上方法即可完成重新显示网格的操作。

1.4.3 使用标尺

在 Photoshop CS4 中可以使用标尺精确地绘制或编辑图形,也可以根据需要更改标尺的原点,下面介绍使用标尺的方法,如图 1-29 ~ 图 1-32 所示。

图 1-29

01 选择【标尺】菜单项

No1 在 Photoshop CS4 菜单栏中选择【视图】主菜单。

No2 在弹出的下拉菜单中选择【标尺】菜单项。

图 1-30

02 设置标尺原点

在工作区中显示标尺,移动鼠标指针指向标尺的原点,单击并移动到准备设置为原点的位置,到达目标位置后释放鼠标左键。

图 1-31

03 恢复鼠标原点

No1 通过以上方法即可创建新的原点。

No2 双击标尺原点处。

图 1-32

04 完成恢复标尺原点

通过以上方法即可完成恢复标尺原点的操作。

举一反三

按下组合键〈Ctrl〉+〈R〉即可显示标尺,再次按下该组合键即可隐藏标尺。

1.4.4　使用参考线

参考线的功能与网格相似,可以作为绘制或编辑图片的参考,并且参考线在打印时不显示,下面介绍使用参考线的方法,如图1-33～图1-35所示。

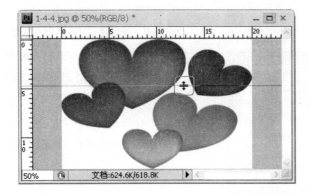

图1-33

01　单击并拖动水平参考线

在工作区中显示标尺,将鼠标指针定位在水平参考线上,单击并向下拖动至目标位置,释放鼠标左键。

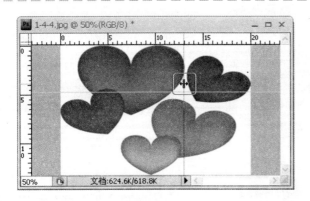

图1-34

02　单击并拖动垂直参考线

在工作区中显示标尺,将鼠标指针定位在垂直参考线上,单击并向右拖动至目标位置,释放鼠标左键。

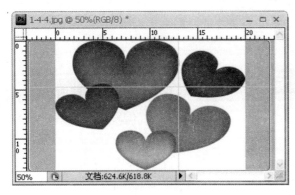

图1-35

03　完成设置参考线

通过以上方法即可完成在Photoshop CS4 中使用参考线的操作。

1.4.5 文字注释

Photoshop CS4 提供了文字注释功能,可以对绘制或编辑的图片进行注释,下面介绍文字注释的方法,如图1-36~图1-39所示。

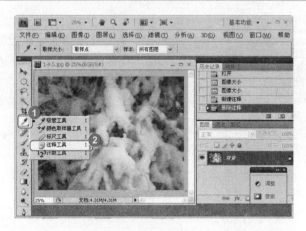

图 1-36

01 选择【注释工具】菜单项

No1 在 Photoshop CS4 工具箱中用鼠标右键单击【吸管工具】按钮。

No2 在弹出的快捷菜单中选择【注释工具】菜单项。

图 1-37

02 选择注释位置

鼠标指针变为图形,在图片中准备添加注释的位置单击。

举一反三

插入注释图标后,单击并拖动该图标即可改变注释图标的位置。

图 1-38

03 输入注释内容

No1 在文本框中输入准备注释的内容。

No2 单击【关闭】按钮。

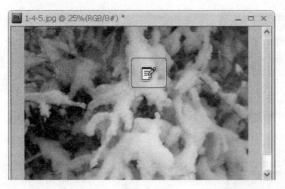

图 1-39

04 完成添加注释

通过以上方法即可完成在图片中添加注释的操作。

举一反三

鼠标右键单击注释的图标,在弹出的快捷菜单中选择【打开注释】菜单项即可显示注释内容。

Section 1.5 实践案例

本节导读

本章以"在不同的屏幕模式下切换"和"调出面板"为例,练习 Photoshop CS4 的基础操作。

1.5.1 在不同的屏幕模式下切换

屏幕模式包括标准屏幕模式、带有菜单栏的全屏模式和全屏模式,可以在各个屏幕模式下进行切换,下面介绍具体的方法,如图 1-40 ~ 图 1-42 所示。

| 素材文件 | 配套素材\第1章\素材文件\花.jpg |
| 效果文件 | 配套素材\第1章\效果文件\花.jpg |

图 1-40

01 选择【全屏模式】菜单项

No1 在 Photoshop CS4 应用程序栏中单击【屏幕模式】按钮。

No2 在弹出的下拉菜单中选择【全屏模式】菜单项。

图 1-41

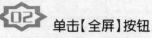

02 单击【全屏】按钮

No1 系统弹出【信息】对话框。

No2 单击【全屏】按钮 。

图 1-42

03 使用全屏模式

通过以上方法即可完成使用全屏模式的操作。

举一反三

如果当前为全屏模式,可以按下〈Esc〉键,返回到标准屏幕模式。

1.5.2 调出面板

如果显示图片的位置不够大,可以将面板关闭,在需要时重新调出面板,下面介绍调出面板的方法,如图 1-43 与图 1-44 所示。

| 素材文件 | 配套素材\第 1 章\素材文件\花语 . jpg |
| 效果文件 | 配套素材\第 1 章\效果文件\花语 . jpg |

图 1-43

01 选择【图层】菜单项

No1 在 Photoshop CS4 菜单栏中选择【窗口】主菜单。

No2 在弹出的下拉菜单中选择【图层】菜单项。

图1-44

 调出【图层】面板

在 Photoshop CS4 中显示【图层】面板。

 举一反三

按下〈F7〉键即可显示【图层】面板,再次按下该键即可隐藏【图层】面板。

 教你一招

使用组合键调出面板

按下组合键〈Alt〉+〈F9〉即可调出【动作】面板;按下〈F5〉键即可调出【画笔】面板;按下〈F8〉键即可调出【信息】面板;按下〈F6〉键即可调出【颜色】面板。

读书笔记

第 2 章

文件的基本操作方法

本章内容导读

本章介绍了有关文件基本操作的方法,包括文件的基本操作、图像窗口的基本操作、使用 Adobe Bridge 管理文件、修改画布大小、修改图像像素和图像变换的方法,最后以"打开最近使用的文件"和"使用透视命令"为例,练习 Photoshop CS4 的基本操作。

本章知识要点

- ☑ 文件的基本操作
- ☑ 图像窗口的基本操作
- ☑ 使用 Adobe Bridge 管理文件
- ☑ 修改画布大小
- ☑ 修改图像像素
- ☑ 图像的变换

本节导读

在准备使用 Photoshop 绘制或编辑图形前，应先掌握文件的基本操作，本节介绍新建、打开、导入、保存、导出和关闭文件的方法。

2.1.1 新建文件

如果准备使用 Photoshop CS4 绘制图像文件，可以新建一个空白图像文件，下面以新建 "1000×1000" 大小的图像文件为例，介绍具体的方法，如图 2-1 ~ 图 2-3 所示。

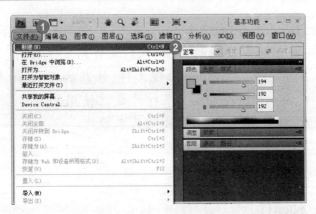

图 2-1

01 选择【新建】菜单项

No1 在 Photoshop CS4 菜单栏中选择【文件】主菜单。

No2 在弹出的下拉菜单中选择【新建】菜单项。

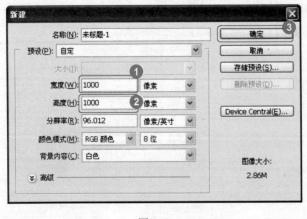

图 2-2

02 设置图像大小

No1 系统弹出【新建】对话框，在【预设】区域的【宽度】文本框中输入准备设置的宽度数值。

No2 在【高度】文本框中输入准备设置的高度数值。

No3 单击【确定】按钮

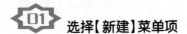
。

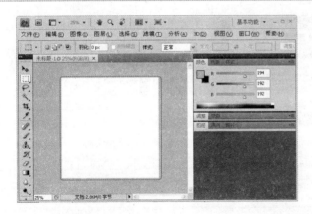

图 2-3

03 **完成新建文件**

通过以上方法即可完成新建 Photoshop CS4 文件的操作。

举一反三

按下组合键〈Ctrl〉+〈N〉也可以弹出【新建】对话框。

2.1.2 打开文件

如果准备对图片进行编辑,需要先将该图片用 Photoshop CS4 打开,下面介绍打开文件的方法,如图 2-4 ~ 图 2-6 所示。

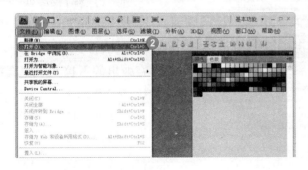

图 2-4

01 **选择【打开】菜单项**

No1 在 Photoshop CS4 菜单栏中选择【文件】主菜单。

No2 在弹出的下拉菜单中选择【打开】菜单项。

图 2-5

02 **选择打开文件**

No1 系统弹出【打开】对话框,选择文件保存的位置。

No2 选择准备打开的文件。

No3 单击【打开】按钮 。

图 2-6

03 完成打开文件

通过以上方法即可完成打开文件的操作。

2.1.3 导入文件

在 Photoshop CS4 中可以将变量数据组、视频帧、注释和 WIA 导入,下面介绍导入文件的方法,如图 2-7～图 2-9 所示。

图 2-7

01 选择【注释】菜单项

No1 在 Photoshop CS4 菜单栏中选择【文件】主菜单。

No2 在弹出的下拉菜单中选择【导入】菜单项。

No3 在弹出的子菜单中选择【注释】菜单项。

图 2-8

02 载入注释

No1 系统弹出【载入】对话框,选择准备导入文件的位置。

No2 选择载入注释的文件。

No3 单击【载入】按钮 载入 (L) 。

图 2-9

03 完成导入文件

通过以上方法即可完成导入文件的操作。

举一反三

鼠标右键单击【注释】图标,系统弹出【注释】对话框,可以修改注释的内容。

2.1.4　保存文件

使用 Photoshop CS4 绘制或编辑图形后,应将其及时保存,以免丢失,下面将介绍保存文件的方法,如图 2-10 ~ 图 2-13 所示。

图 2-10

01 选择【存储】菜单项

No1　在 Photoshop CS4 的菜单栏中选择【文件】主菜单。

No2　在弹出的下拉菜单中选择【存储】菜单项。

教你一招

使用快捷菜单保存文件

对图片进行编辑后,按下组合键〈Ctrl〉+〈S〉可以弹出【存储为】对话框,进行保存文件操作;按下组合键〈Ctrl〉+〈Shift〉+〈S〉也可以弹出【存储为】对话框。

图 2-11

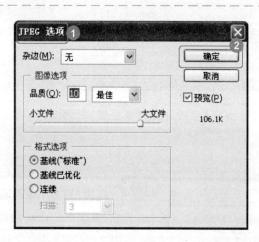

图 2-12

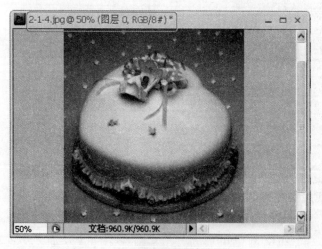

图 2-13

02 保存图形文件

No1 系统弹出【存储为】对话框,选择保存文件的位置。

No2 在【文件名】文本框中输入准备保存的名称。

No3 在【格式】下拉列表框中选择准备保存的格式。

No4 单击【保存】按钮 保存(S)。

03 单击【确定】按钮

No1 系统弹出【JPEG 选项】对话框,保持默认设置。

No2 单击【确定】按钮 。

04 完成保存文件

通过以上方法即可完成保存文件的操作。

举一反三

第一次保存文件后,在绘制过程中按下组合键〈Ctrl〉+〈S〉可以即时保存对图片的更改。

2.1.5 导出文件

在 Photoshop CS4 中可以将图像导出为 Zoomify 和 Illustrator 文件,下面介绍导出文件的方法,如图 2-14 ~ 图 2-16 所示。

图 2-14

01 选择菜单项

No1 在 Photoshop CS4 菜单栏中选择【文件】主菜单。

No2 在弹出的下拉菜单中选择【导出】菜单项。

No3 在弹出的子菜单中选择【路径到 Illustrator】菜单项。

图 2-15

02 导出路径

No1 系统弹出【导出路径】对话框,选择准备保存的位置。

No2 在【文件名】文本框中输入准备保存的名称。

No3 单击【保存】按钮 。

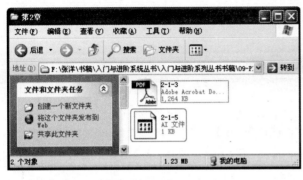

图 2-16

03 完成导出文件

通过以上方法即可完成导出文件的操作。

2.1.6 关闭文件

在不准备对图片进行编辑时可以将该图片文件关闭,节省系统的资源,下面介绍关闭文件的方法,如图 2-17 与图 2-18 所示。

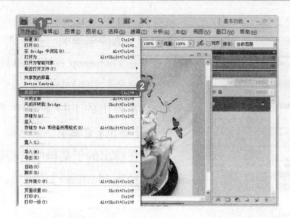
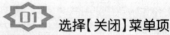

图 2-17

01 选择【关闭】菜单项

No1 在 Photoshop CS4 的菜单栏中选择【文件】主菜单。

No2 在弹出的下拉菜单中选择【关闭】菜单项。

图 2-18

02 完成关闭图形文件

通过以上方法即可完成关闭图形文件的操作。

举一反三

按下组合键〈Ctrl〉+〈W〉也可以关闭图形文件。

2.2 图像窗口的基本操作

本节导读

如果同时在 Photoshop CS4 工作区中打开多个图像文件,可以通过对图像窗口的基本操作对其进行重新排列,从而更好地对图像文件进行操作,本节介绍图像窗口基本操作的有关知识。

2.2.1　移动图像窗口

在 Photoshop CS4 中,可以将图像文件同工作区连在一起移动,也可以将其独立为一个窗口,下面介绍移动图像窗口的方法,如图 2-19 与图 2-20 所示。

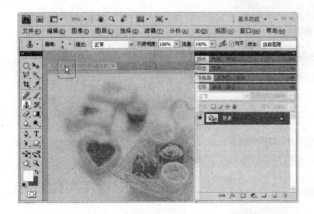

图 2-19

01 完成关闭图形文件

在 Photoshop CS4 工作区中单击并拖动窗口标签至目标位置,到达目标位置后释放鼠标左键。

图 2-20

02 完成移动图像窗口

通过以上方法即可完成移动图像窗口的操作。

举一反三

图像在一个窗口时双击图像窗口标题,可以全屏显示图像。

教你一招

使用【移动到新窗口】菜单项

在 Photoshop CS4 工作区中用鼠标右键单击准备移动为窗口的图像标题,在弹出的快捷菜单中选择【移动到新窗口】菜单项,即可将该图像文件以独立的窗口形式显示出来。

2.2.2　使用导航器查看图像

如果一个图像文件过大,在工作区中无法全部显示,可以使用导航器面板查看图像,快速选择准备查看的部分,下面介绍具体的方法,如图 2-21 与图 2-22 所示。

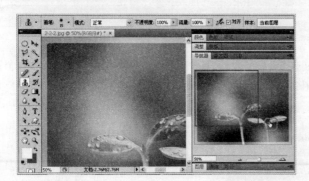

图 2-21

01 **单击准备查看的部分**

调出【导航器】面板,在预览窗口中单击准备查看的图像部分。

图 2-22

02 **完成查看图像**

通过以上方法即可完成使用【导航器】面板查看图像的操作。

2.2.3 排列图像窗口

如果同时打开多个图像窗口,可以将其一起显示,下面以显示"三联"为例,介绍排列窗口的方法,如图 2-23 与图 2-24 所示。

图 2-23

01 **选择排列方式**

No1 打开准备排列查看的图像文件。

No2 单击【排列文档】按钮

No3 在弹出的下拉菜单中选择【三联】选项。

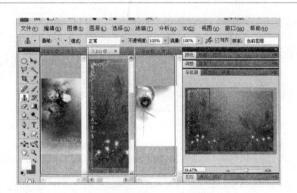

图 2-24

02 完成排列图像

通过以上方法即可完成排列图像的操作。

举一反三

单击【排列文档】按钮，在弹出的下拉菜单中选择【使所有内容在窗口中浮动】菜单项即可分窗口显示图像。

Section
2.3 **用 Adobe Bridge 管理文件**

本节导读

Adobe Bridge 是 Adobe Creative Suite 的控制中心，使用该窗口可以快速打开和浏览电脑中的文件，方便查找，本节介绍使用 Adobe Bridge 对图像进行操作的方法。

2.3.1　打开文件

使用 Adobe Bridge 可以快速查看图像文件，并在 Photoshop CS4 中将其打开，下面介绍具体的操作方法，如图 2-25 与图 2-26 所示。

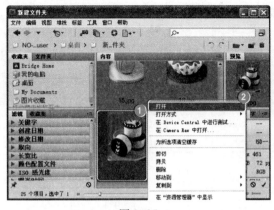

图 2-25

01 选择【打开】菜单项

No1 使用 Adobe Bridge 打开准备浏览的文件夹，鼠标右键单击准备打开的文件图标。

No2 在弹出的快捷菜单中选择【打开】菜单项。

图 2-26

02 完成打开图像文件

通过以上方法即可完成使用 Adobe Bridge 打开文件。

2.3.2 批量重命名文件

在 Adobe Bridge 窗口中可以对图片进行批量重命名的操作，为图片统一命名，可以免去一个个修改的麻烦，下面介绍批量重命名的方法，如图 2-27 ~ 图 2-29 所示。

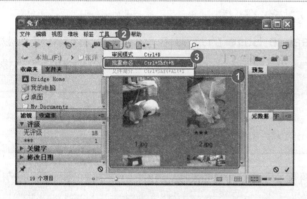

图 2-27

01 选择【批重命名】菜单项

No1 选择准备批量重命名的文件。

No2 单击【优化】按钮 🗔▾。

No3 在弹出的下拉菜单中选择【批重命名】菜单项。

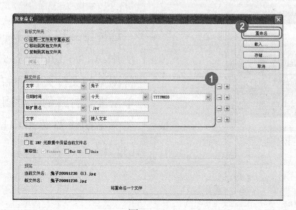

图 2-28

02 设置重命名的格式

No1 系统弹出【批重命名】对话框，在【新文件名】区域中设置准备命名的规格。

No2 单击【重命名】按钮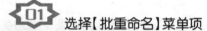。

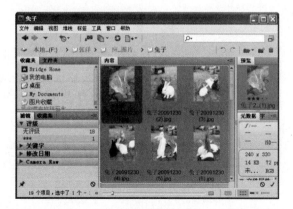

图 2-29

03 完成批量重命名

通过以上方法即可完成批量重命名文件的操作。

举一反三

在 Adobe Bridge 窗口中按下组合键〈Ctrl〉+〈Shift〉+〈R〉也可以弹出【批重命名】对话框。

Section
2.4　修改画布

本节导读

在 Photoshop CS4 中，可以根据实际的工作或学习需要增加或减少当前打开图像文件的画布面积大小，并对画布进行旋转，本节介绍修改画布的有关方法。

2.4.1　修改画布的大小

在 Photoshop CS4 中可以改变画布的大小，增加画布面积时，在图像四周增加空白区域，减少画布面积时，需要裁剪图像。下面介绍修改画布大小的方法，如图 2-30～图 2-32 所示。

图 2-30

01 选择【画布大小】菜单项

No1　在 Photoshop CS4 菜单栏中选择【图像】主菜单。

No2　在弹出的下拉菜单中选择【画布大小】菜单项。

图 2-31

图 2-32

02 设置画布大小

No1 系统弹出【画布大小】对话框,在【新建大小】区域的【宽度】和【高度】文本框中输入准备设置的数值。

No2 单击【确定】按钮 确定 。

03 完成修改画布大小

通过以上方法即可完成修改画布大小的操作,在图像周围增加背景色画布。

2.4.2 旋转画布

在制作图像时可以根据需要将图像旋转,制作倒影等效果,下面以旋转"90 度(逆时针)"为例,介绍旋转画布的方法,如图 2-33 与 2-34 所示。

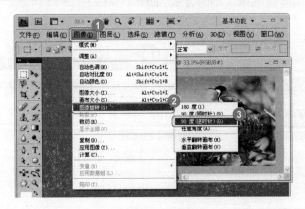

图 2-33

01 选择【90 度(逆时针)】菜单项

No1 在 Photoshop CS4 菜单栏中选择【图像】主菜单。

No2 在弹出的下拉菜单中选择【图像旋转】菜单项。

No3 在弹出的子菜单中选择【90 度(逆时针)】菜单项。

图 2-34

02 完成旋转画布

通过以上方法即可完成旋转画布的操作。

Section

2.5 修改图像像素

本节导读

如果准备打印图像，可以设置图像的像素，增强图像打印的效果，在 Photoshop CS4 中可以对图像的像素进行修改，本节介绍修改图像像素、打印尺寸和分辨率的方法。

2.5.1 修改图像的像素

使用 Photoshop CS4 可以对图像的像素进行修改，增强图像的打印效果，下面介绍修改图像像素的方法，如图 2-35 ~ 图 2-37 所示。

图 2-35

01 选择【图像大小】菜单项

No1 在 Photoshop CS4 菜单栏中选择【图像】主菜单。

No2 在弹出的下拉菜单中选择【图像大小】菜单项。

图 2-36

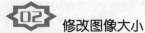
修改图像大小

No1 系统弹出【图像大小】对话框,在【像素大小】区域中设置修改的宽度和高度。

No2 单击【确定】按钮 确定。

图 2-37

完成修改图像大小

通过以上方法即可完成修改图像大小的操作。

2.5.2 修改图像的打印尺寸和分辨率

如果准备打印一张图像,可以修改图像的打印尺寸和分辨率等,使得打印出的图像更加符合要求,下面介绍具体的方法,如图 2-38 ~ 图 2-40 所示。

图 2-38

完成修改图像大小

No1 在 Photoshop CS4 菜单栏中选择【图像】主菜单。

No2 在弹出的下拉菜单中选择【图像大小】菜单项。

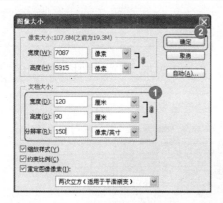

图 2-39

 02 修改打印尺寸与分辨率大小

No 1 系统弹出【图像大小】对话框,在【文档大小】区域中设置宽度、高度和分辨率。

No 2 单击【确定】按钮 确定 。

图 2-40

03 完成修改打印尺寸与分辨率

通过以上方法即可完成修改打印尺寸与分辨率的操作。

 教你一招

使用组合键打开【图像大小】对话框

打开准备设置打印尺寸和分辨率的图像,按下组合键〈Ctrl〉+〈Alt〉+〈I〉也可以打开【图像大小】对话框。

Section
2.6 图像的变换

本节导读

插入图像后,对于图像的缺陷,如形状不符合规格、图像过大或过小和角度不对等,可以使用变换功能对图像进行缩放、旋转、扭曲、透视和变形等,本节介绍有关图像变换的方法。

2.6.1 定界框、中心点和控制点

执行变换命令时需要使用变换命令的工具,包括定界框、中心点和控制点,用于控制图像,如图 2-41 所示。

图 2-41　定界框、中心点和控制点

2.6.2 旋转与缩放图像

使用变换命令可以进行旋转与缩放操作,变换图片的大小和角度,下面介绍具体的方法,如图 2-42 ~ 图 2-45 所示。

图 2-42

01 选择【缩放】菜单项

No1 在 Photoshop CS4 菜单栏中选择【编辑】主菜单。

No2 在弹出的下拉菜单中选择【变换】菜单项。

No3 在弹出的子菜单中选择【缩放】菜单项。

教你一招

使用组合键执行变换命令

打开准备变换的图像后,按下组合键〈Ctrl〉+〈T〉即可快速显示变换的定界框。

图 2-43

02 缩放图像文件

在图像中显示定界框,将鼠标指针定位在右下角的控制点上,鼠标指针变为↖形,沿对角线方向单击并拖动鼠标,至目标位置后释放鼠标左键。

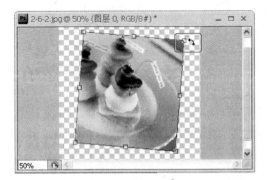

图 2-44

03 旋转图像文件

将鼠标定位在控制点上,当鼠标指针变为↰形时,单击并拖动至目标位置,释放鼠标左键。

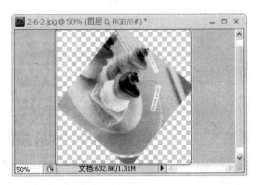

图 2-45

04 完成旋转与缩放图像文件

通过以上方法即可完成旋转与缩放图像文件的操作。

 教你一招

等比例缩放

显示定界框后,按下组合键〈Alt〉+〈Shift〉,将鼠标指针定位在控制点上,当鼠标指针变为↖形时,单击并拖动鼠标,到达目标位置后释放鼠标左键即可等比例缩放图像。

2.6.3 斜切与扭曲

斜切可以在水平或垂直方向上改变图像的形状;扭曲可以在任意方向上改变图像的形状,下面介绍斜切与扭曲的方法,如图 2-46 ~ 图 2-49 所示。

图 2-46

01 选择【斜切】菜单项

No1 显示定界框后,鼠标右键单击定界框。

No2 在弹出的快捷菜单中选择【斜切】菜单项。

图 2-47

02 斜切图像对象

将鼠标指针定位在控制点上,当鼠标指针变为▶形时,向上单击并拖动鼠标指针,到达目标位置后释放鼠标左键,通过以上方法即可完成斜切的操作。

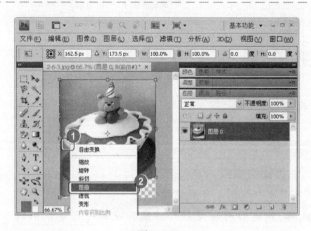

图 2-48

03 选择【扭曲】菜单项

No1 鼠标右键单击定界框。

No2 在弹出的快捷菜单中选择【扭曲】菜单项。

图 2-49

04 进行扭曲操作

将鼠标指针定位在控制点上，当鼠标指针变为▶形时，单击并拖动鼠标指针至目标位置，释放鼠标左键。通过以上方法即可完成扭曲的操作。

Section

2.7 实践案例

本章以"打开最近使用的文件"和"使用透视命令"为例，练习图像文件的基本操作。

2.7.1 打开最近使用的文件

如果准备打开以前打开过的文件，可以使用最近使用的文件功能，免去查找的麻烦，下面介绍打开最近使用的文件的方法，如图 2-50 与图 2-51 所示。

 素材文件 配套素材\第 2 章\素材文件\2-7-1. PSD
 效果文件 配套素材\第 2 章\效果文件\2-7-1. PSD

图 2-50

01 选择准备打开的文件菜单项

No1 在 Photoshop CS4 菜单栏中选择【文件】主菜单。

No2 在弹出的下拉菜单中选择【最近打开文件】菜单项。

No3 在弹出的子菜单中选择准备打开的文件菜单项。

图 2-51

02 **完成打开文件操作**

　　通过以上方法即可完成打开
最近使用文件的操作。

2.7.2　使用透视命令

　　透视命令可以将图像两侧同时进行改变,使用透视命令可以做出翻页效果,下面介绍使用
透视命令的方法,如图 2-52 与图 2-53 所示。

素材文件	配套素材\第 2 章\素材文件\2-7-2.PSD
效果文件	配套素材\第 2 章\效果文件\2-7-2.PSD

图 2-52

01 **选择【透视】菜单项**

No1 显示定界框后,鼠标右键单
　　　击定界框。

No2 在弹出的快捷菜单中选择
　　　【透视】菜单项。

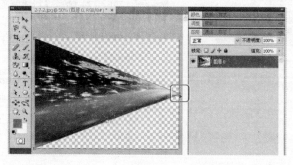

图 2-53

02 **透视操作**

　　将鼠标指针定位在控制点上,
当鼠标指针变为 形时,单击并向
上拖动鼠标指针,到达目标位置后
释放鼠标左键。通过以上方法即
可完成使用透视命令的操作。

第 3 章

图像的基本编辑技术

本章内容导读

本章介绍了有关图像基本编辑的知识,包括恢复与还原操作、使用历史记录面板、拷贝与粘贴、裁剪图像和使用【渐隐】命令修改编辑结果等,最后以"清理内存"、"设置历史记录选项"和"贴入图像"为例,练习图像基本编辑的方法。

本章知识要点

☑ 恢复与还原操作
☑ 使用历史记录面板
☑ 拷贝与粘贴
☑ 裁剪图像
☑ 使用【渐隐】命令修改编辑结果

Section
3.1 恢复与还原操作

本节导读

使用 Photoshop CS4 绘制图形时，如果执行了错误的操作，可以使用 Photoshop CS4 提供的还原或重做命令恢复操作的图像，本节介绍恢复与还原操作的方法。

3.1.1 使用还原或重做命令

如果执行了错误的操作，可以使用还原命令还原上一步操作；如果错误地还原了操作，也可以使用重做命令恢复操作，下面介绍具体的操作，如图3-1～图3-3所示。

图 3-1

01 选择【还原画笔工具】菜单项

No1 在 Photoshop CS4 菜单栏中选择【编辑】主菜单。

No2 在弹出的下拉菜单选择【还原画笔工具】菜单项。

图 3-2

02 选择【重做画笔工具】菜单项

No1 通过以上方法即可完成还原命令的操作。

No2 在 Photoshop CS4 菜单栏中选择【编辑】主菜单。

No3 在弹出的下拉菜单中选择【重做画笔工具】菜单项。

图 3-3

03 完成重做命令

通过以上方法即可完成重做命令的操作。

3.1.2 前进一步与后退一步

在 Photoshop CS4 中,执行了错误的操作可以后退到正确的操作界面,也可以前进一步还原上一步的操作,下面介绍具体的方法,如图 3-4 ~ 图 3-6 所示。

图 3-4

01 选择【后退一步】菜单项

No1 在 Photoshop CS4 菜单栏中选择【编辑】主菜单。

No2 在弹出的下拉菜单中选择【后退一步】菜单项。

图 3-5

02 选择【前进一步】菜单项

No1 通过以上方法即可完成后退一步的操作。在 Photoshop CS4 菜单栏中再次选择【编辑】主菜单。

No2 在弹出的下拉菜单中选择【前进一步】菜单项。

图 3-6

03 完成前进一步

通过以上方法即可完成前进一步的操作。

举一反三

按下组合键〈Alt〉+〈Ctrl〉+〈Z〉可以后退一步；按下组合键〈Shift〉+〈Ctrl〉+〈Z〉可以前进一步。

Section
3.2 使用历史记录面板

本节导读

在 Photoshop CS4 中，可以使用历史记录面板在当前工作会话期间跳转到所创建图像的任一最近状态。每次对图像应用更改时，图像的新状态都会添加到该面板中。此外，还可以使用历史记录面板来删除图像状态，并且可以使用该面板依据某个状态或快照创建文档。

3.2.1 历史记录面板

历史记录面板中记录了所有的操作过程，可以通过历史记录面板返回到任何一步操作，下面介绍使用历史记录面板的方法，如图 3-7 与图 3-8 所示。

图 3-7

01 选择准备返回到的历史记录

在 Photoshop CS4 中调出历史记录面板，单击准备返回到的历史记录选项。

图 3-8

02 **完成使用历史记录面板**

通过以上方法即可完成使用历史记录面板的操作。

举一反三

在【历史记录】面板中用鼠标右键单击记录,在弹出的快捷菜单中选择【清除历史记录】菜单项即可清除历史记录。

3.2.2　创建快照

　　快照可以记录以前的制作状态,如果准备尝试多种效果,可以将每一个效果使用快照保存,在制作失败后返回到快照时的状态,下面介绍创建快照的方法,如图 3-9 与图 3-10 所示。

图 3-9

01 **单击【创建新快照】按钮**

调出【历史记录】面板,编辑图片后,单击【历史记录】面板中的【创建新快照】按钮。

图 3-10

02 **完成创建快照**

通过以上方法即可完成创建新快照的操作。

Section
3.3 拷贝与粘贴

使用 Photoshop CS4 绘制图形时，可以使用拷贝和粘贴功能进行图片和区域的操作，从而提高工作效率，本节介绍拷贝与粘贴功能的使用方法。

3.3.1 拷贝与剪切

拷贝是指在保留原有图像的基础上创建另外一个副本，剪切是指不保留原有图像，将图像从一个位置移动到另一个位置，下面介绍具体的操作方法，如图 3-11 ~ 图 3-15 所示。

图 3-11

01 选择【剪切】菜单项

No1 选择准备剪切的图像内容。

No2 在 Photoshop CS4 菜单栏中选择【编辑】主菜单。

No3 在弹出的下拉菜单中选择【剪切】菜单项。

图 3-12

02 选择【粘贴】菜单项

No1 打开准备粘贴图像的文件。

No2 在 Photoshop CS4 菜单栏中选择【编辑】主菜单。

No3 在弹出的下拉菜单中选择【粘贴】菜单项。

图 3-13

选择【拷贝】菜单项

No1 选择准备复制的内容。

No2 在 Photoshop CS4 菜单栏中
选择【编辑】主菜单。

No3 在弹出的下拉菜单中选择
【拷贝】菜单项。

图 3-14

04 **选择【粘贴】菜单项**

No1 在 Photoshop CS4 菜单栏中
选择【编辑】主菜单。

No2 在弹出的下拉菜单中选择
【粘贴】菜单项。

举一反三

按下组合键〈Ctrl〉+〈V〉可以
快速的粘贴图像文件。

图 3-15

05 **完成拷贝与剪切**

将粘贴的图像文件适当地移
动位置。通过以上方法即可完成
拷贝与剪切图像文件的操作。

3.3.2 清除图像

清除图像功能可以将选中范围内的图像消除,变为透明色,便于将该图像插入到其他图像中,下面介绍清除图像的方法,如图3-16与图3-17所示。

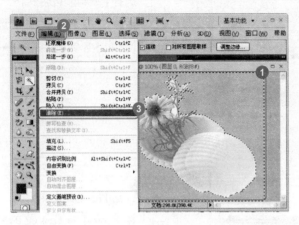

图 3-16

01 选择【清除】菜单项

No1 选中准备清除图像的部分。

No2 在 Photoshop CS4 菜单栏中选择【编辑】主菜单。

No3 在弹出的下拉菜单中选择【清除】菜单项。

图 3-17

02 完成清除图像

通过以上方法即可完成清除图像的操作。

举一反三

将图层解锁后,选中准备清除的图像,按下〈Delete〉键即可快速清除图像。

Section

3.4 裁剪图像

如果准备编辑的图片过大或仅需要保留一部分,可以使用 Photoshop CS4 中的裁剪功能对图片进行裁剪或裁切,本节介绍有关裁剪图像的知识。

3.4.1　了解裁剪工具

使用裁剪工具可以重新定义图像画布的大小。选择裁剪工具后会显示裁剪工具的工具选项栏,进行裁剪操作后会显示裁剪区域选项栏,不同的选项具有不同的功能,下面进行具体介绍。

1. 裁剪工具选项栏

裁剪工具选项栏包括【宽度】、【高度】与【分辨率】文本框,【前面的图像】按钮 前面的图像 和【清除】按钮 清除 等,如图 3-18 所示。

图 3-18　裁剪工具选项栏

- ➤【宽度】、【高度】与【分辨率】文本框:在这些文本框中可以设置裁剪后图像的尺寸,与裁剪框的大小没有关系,例如,在文本框中定义裁剪后的图像宽度为 8 cm、高度为 8 cm、分辨率为 200 像素,在进行裁剪后图像的大小即为该尺寸。
- ➤【前面的图像】按钮 前面的图像:在工具选项栏中单击该按钮,可以在【宽度】、【高度】和【分辨率】文本框中显示当前图像的信息,以便于裁剪图像。
- ➤【清除】按钮 清除:单击该按钮可以将【宽度】、【高度】和【分辨率】文本框中的信息删除。

2. 裁剪区域选项栏

裁剪区域选项栏包括【裁剪区域】、【屏蔽】复选框、【颜色】按钮█、【不透明度】文本框和【透视】复选框等,如图 3-19 所示。

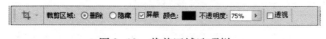

图 3-19　裁剪区域选项栏

- ➤【裁剪区域】:该项在没有背景层或有多个图层时可用,选中【删除】单选按钮时,可将被裁剪区域的图像删除;选中【隐藏】单选按钮时,可以将被裁剪区域的图像隐藏;使用移动工具时,可以在裁剪后的显示区域中显示。如果准备重新显示被隐藏的图像,可以选择【图像】主菜单,在弹出的下拉菜单中选择【显示全部】菜单项。
- ➤【屏蔽】复选框:如果选中该复选框,可以将被裁剪区域用【颜色】按钮█中的颜色所覆盖。
- ➤【颜色】按钮█:单击该按钮可以弹出【拾色器】对话框,选取准备用于屏蔽的颜色。
- ➤【不透明度】文本框:在该文本框中可以调整被裁剪区域的图像透明度。
- ➤【透视】复选框:选中该复选框,可以对裁剪区域的形状进行透视变换。

3.4.2　用【裁剪】命令裁剪图像

使用【裁剪】命令可以快速裁剪图像,并可以根据操作的需要重新对裁剪命令进行设置,下面介绍裁剪图像的方法,如图3-20与图3-21所示。

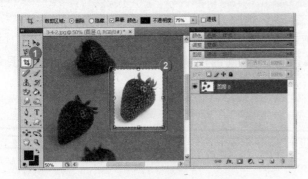

图 3-20

01 裁剪图像文件

No1 在 Photoshop CS4 常用工具栏中选择【裁剪】工具。

No2 鼠标指针变为 ‡ 形,在工作区中单击并拖动鼠标绘制裁剪区域,按下〈Enter〉键。

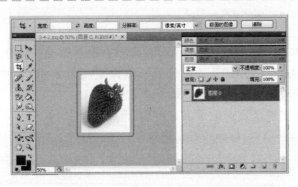

图 3-21

02 完成裁剪图像

通过以上方法即可完成裁剪图像的操作。

举一反三

按下〈Esc〉键可以取消裁剪操作。

3.4.3 用【裁切】命令裁切图像

【裁切】命令是针对没有背景图层的图像文件,如果该图像中存在透明区域,可以使用【裁切】命令清除,下面介绍具体的方法,如图3-22～图3-24所示。

图 3-22

01 选择【裁切】菜单项

No1 在 Photoshop CS4 菜单栏中选择【图像】主菜单。

No2 在弹出的下拉菜单中选择【裁切】菜单项。

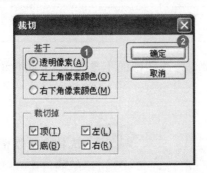

图 3-23

图 3-24

02 设置裁切选项

No1 系统弹出【裁切】对话框，在【基于】区域中选中【透明像素】单选按钮。

No2 单击【确定】按钮 。

03 完成裁切图像

通过以上方法即可完成裁切图像的操作。

 举一反三

在【裁切】对话框的【裁切掉】区域中可以设置裁切的范围。

 教你一招

【基于】区域选项意义

透明像素：选中该单选按钮，可以删除图像周围的透明像素区域，保存非透明像素的最小图像。

左上角像素颜色：将图像中包含左上角像素颜色的区域删除。

右下角像素颜色：将图像中包含右下角像素颜色的区域删除。

Section 3.5 用【渐隐】命令修改编辑结果

本节导读

【渐隐】命令可以在使用画笔、滤镜、填充或新建图层后进行操作，使用该命令可以修改图像的透明度和混合模式，本节介绍使用【渐隐】命令修改编辑结果的方法。

3.5.1　修改效果的不透明度

对图片进行滤镜操作后,可以使用【渐隐】命令修改图像的不透明度,下面介绍具体的方法,如图 3-25 ~ 图 3-27 所示。

图 3-25

01 选择【渐隐便条纸】菜单项

No1 对图像进行滤镜操作后,在 Photoshop CS4 菜单栏中选择【编辑】主菜单。

No2 在弹出的下拉菜单中选择【渐隐便条纸】菜单项。

图 3-26

02 设置不透明度

No1 系统弹出【渐隐】对话框,在【不透明度】文本框中输入数值。

No2 单击【确定】按钮 确定

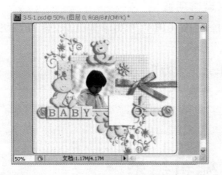

图 3-27

03 完成修改不透明度

通过以上方法即可完成使用【渐隐】命令修改不透明度的操作。

3.5.2　修改效果的混合模式

默认情况下,图像的混合模式为正常,可以使用【渐隐】命令进行修改,下面具体介绍修改效果混合模式的方法,如图 3-28 ~ 图 3-30 所示。

图 3-28

01 选择【渐隐镜头光晕】菜单项

No1 对图像进行滤镜操作后,选择【编辑】主菜单。

No2 在弹出的下拉菜单中选择【渐隐镜头光晕】菜单项。

图 3-29

02 设置混合模式

No1 系统弹出【渐隐】对话框,在【模式】下拉列表框中设置混合模式。

No2 单击【确定】按钮 确定 。

图 3-30

03 完成设置混合模式

通过以上方法即可完成使用【渐隐】命令设置混合模式的操作。

Section
3.6 实践案例

本章以"清理内存"、"设置历史记录选项"和"贴入图像"为例,练习图像基本编辑的方法。

3.6.1 清理内存

由于对图像频繁处理,在系统中保存了大量的中间数据,导致电脑的运行速度缓慢,可以通过清理内存的方法将这些数据清除,下面介绍具体的方法,如图3-31与图3-32所示。

| 素材文件 | 配套素材\第3章\素材文件\3-6-1.PSD |
| 效果文件 | 配套素材\第3章\效果文件\3-6-1.PSD |

图 3-31

01 选择【全部】菜单项

No1 在 Photoshop CS4 菜单栏中选择【编辑】主菜单。

No2 在弹出的下拉菜单中选择【清理】菜单项。

No3 在弹出的子菜单中选择【全部】菜单项。

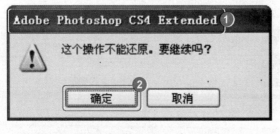

图 3-32

02 完成清理数据

No1 系统弹出【Adobe Photoshop CS4 Extended】对话框。

No2 单击【确定】按钮 即可清理数据。

 教你一招

【清理】菜单的意义

还原:可以清理由还原操作占用的内存。

剪贴板:可以清理剪贴板中的内容。

历史记录:可以清理【历史记录】面板中的操作步骤。

全部:可以删除所有占用内存的垃圾文件。

3.6.2　设置历史记录选项

在【历史记录选项】对话框中可以设置创建第一幅快照、非线性历史记录和图层可见性，下面介绍具体的方法，如图 3-33 与图 3-34 所示。

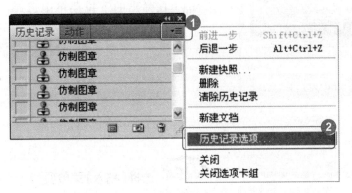

图 3-33

01 选择【历史记录选项】菜单项

No1　在【历史记录】面板中单击【面板】按钮。

No2　在弹出的面板菜单中选择【历史记录选项】菜单项。

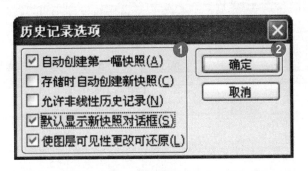

图 3-34

02 设置历史记录选项

No1　系统弹出【历史记录选项】对话框，选中准备设置的复选框。

No2　单击【确定】按钮　确定　即可完成设置历史记录选项。

3.6.3　贴入图像

如果准备贴入图像的文件存在选区，可以将拷贝的图像直接贴入选区中，下面介绍贴入图像的方法，如图 3-35 ~ 图 3-37 所示。

素材文件	配套素材\第 3 章\素材文件\3-6-3.jpg
效果文件	配套素材\第 3 章\效果文件\3-6-3.PSD

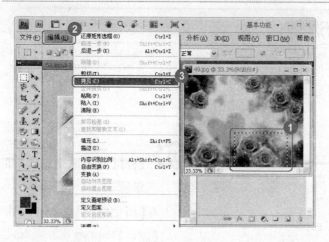

图 3-35

01 选择【拷贝】菜单项

No1 选中准备拷贝的内容。

No2 在 Photoshop CS4 菜单栏中
选择【编辑】主菜单。

No3 在弹出的下拉菜单中选择
【拷贝】菜单项。

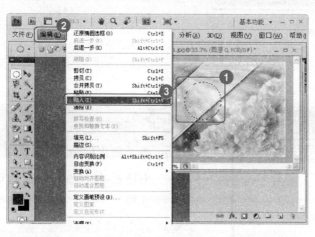

图 3-36

02 选择【贴入】菜单项

No1 打开准备贴入图像的文件，
创建选区。

No2 在 Photoshop CS4 菜单栏中
选择【编辑】主菜单。

No3 在弹出的下拉菜单中选择
【贴入】菜单项。

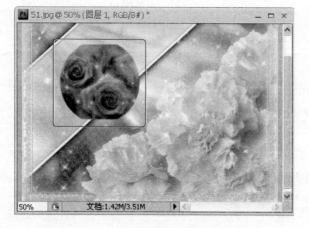

图 3-37

03 完成贴入图像

通过以上方法即可完成贴入
图像的操作。

 举一反三

按下组合键〈Ctrl〉+〈Shift〉+
〈V〉即可快速贴入图像。

第 4 章
图像选择技术

本章内容导读

本章介绍了有关图像选择方面的技术,包括初识选区,选择几何形状对象、非几何形状对象,智能选择工具,选区的基本编辑操作和选区的调整,最后以"将选区拖动到另一个图像中"和"平滑选区"为例,练习了选择图像的方法。

本章知识要点

- ☑ 初识选区
- ☑ 选择几何形状对象
- ☑ 选择非几何形状对象
- ☑ 智能选择工具
- ☑ 选区的基本编辑操作
- ☑ 选区的调整

Section
4.1 　初识选区

本节导读

　　如果准备对一个图像的某个部分进行编辑，首先需要在图像中建立选区，在编辑结束后取消选区，本节介绍有关选区的知识。

4.1.1　选区的概念

　　选区是指选择图像中的区域。在没有建立选区前对图像进行编辑，会改变整个图像的效果，如果建立了选区再对图像进行编辑，仅会对选区中的部分产生影响，例如选择选区后，对选区中的内容更改颜色等，如图4-1所示。

图4-1　更改选区中内容的颜色

4.1.2　选区的类型

　　在 Photoshop CS4 中，选区包括两种类型，分别为普通选区和羽化选区，普通选区是有明显边界的选区，如图4-2所示；羽化选区是将图像边界进行柔化，根据羽化的数值不同，柔化的效果也不同，如图4-3所示。

图4-2　　　　　　　　　　　　　　　图4-3

4.2 选择几何形状对象

本节导读

在 Photoshop CS4 中最基本的选择工具为【矩形选框】工具、【椭圆选框】工具、【单行选框】工具和【单列选框】工具等，本节介绍使用选择工具选择几何形状对象的方法。

4.2.1 了解选框工具选项栏

选框工具包括运算区域、羽化区域、【消除锯齿】复选框、【样式】下拉列表框、【宽度】与【高度】文本框和【调整边缘】按钮 调整边缘... 等，选择选框工具后会显示选框工具的选项栏，可以对选框工具进行设置，如图 4-4 所示。

图 4-4 选框工具选项栏

> 运算区域：在运算区域中包括【新选区】按钮█、【添加到选区】按钮█、【从选区减去】按钮█和【与选区交叉】按钮█，使用这些按钮可以对选区进行运算。在图像中已存在选区时，单击【新选区】按钮█即可替换原有的选区；单击【添加到选区】按钮█即可在原有选区基础上添加绘制的选区；单击【从选区减去】按钮█即可在原有选区的基础上减去绘制的选区；单击【与选区交叉】按钮█即可将原有选区与新建选区的交叉处保留。
> 羽化区域：在【羽化】文本框中输入准备设置的羽化值，可以在新建选区时设置该选区的羽化值，数值越大，羽化范围越广。
> 【消除锯齿】复选框：该复选框仅在使用【椭圆选框】工具时可用，在新建椭圆选区时容易产生锯齿，选中该复选框可消除锯齿。
> 【样式】下拉列表框：可以选择创建选区的方式，包括正常、固定比例和固定大小，在选择【固定比例】或【固定大小】菜单项时，右侧的【宽度】与【高度】文本框可用，可以设置宽度与高度的比例，也可以设置选框的大小，单击【高度和宽度互换】按钮█可以互换高度与宽度的值。
> 【调整边缘】按钮 调整边缘... ：单击该按钮，可以弹出【调整边缘】对话框，对所选区域进行羽化和平滑等操作。

4.2.2 【矩形选框】工具

【矩形选框】工具可以选取矩形的图像区域，并设置矩形的羽化值，下面介绍使用【矩形选框】工具的方法，如图 4-5 与图 4-6 所示。

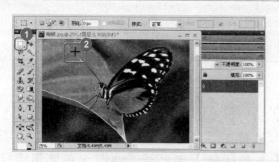

图 4-5

01 绘制矩形选区

No1 在 Photoshop CS4 工具箱中选择【矩形选框】工具。

No2 鼠标指针变为十字形,单击并拖动鼠标指针选取准备选择的区域。

图 4-6

02 完成选取图像

通过以上方法即可完成使用【矩形选框】工具选取图像的操作。

 教你一招

绘制正方形选区

选择【矩形选框】工具后,按下〈Shift〉键的同时,单击并拖动鼠标指针绘制选区即可绘制正方形的选区。

4.2.3 【椭圆选框】工具

【椭圆选框】工具可以选取图像上的椭圆部分或圆形部分,下面介绍使用【椭圆选框】工具的方法,如图 4-7 与图 4-8 所示。

图 4-7

01 绘制椭圆选区

No1 在 Photoshop CS4 工具箱中选择【椭圆选框】工具。

No2 鼠标指针变为十字形,单击并拖动鼠标指针选取准备选择的区域。

图 4-8

02 完成选取图像

通过以上方法即可完成使用【椭圆选框】工具选取图像的操作。

4.2.4 【单行选框】工具

【单行选框】工具仅可以选择一个像素的图像，可以进行多次选取，下面介绍使用【单行选框】工具的方法，如图 4-9 ~ 图 4-11 所示。

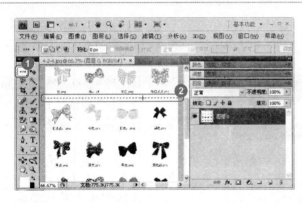

图 4-9

01 绘制单行选框

No1 在 Photoshop CS4 工具箱中选择【单行选框】工具。

No2 鼠标指针变为十形，单击并拖动鼠标至目标位置，释放鼠标左键。

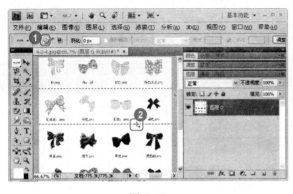

图 4-10

02 再次绘制单行选框

No1 在选框工具选项栏中单击【添加到选区】按钮 。

No2 鼠标指针变为十形，在工作区中单击并拖动鼠标至目标位置，释放鼠标左键。

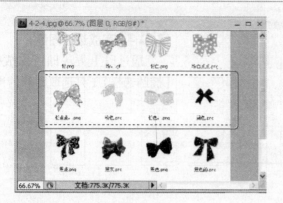

图 4-11

03 **完成选取图像**

通过以上方法即可完成使用【单行选框】工具选取图像的操作。

4.2.5 【单列选框】工具

【单列选框】工具仅可以选择一个像素的图像,可以与【单行选框】工具共同使用,下面介绍具体的使用方法,如图 4-12 与图 4-13 所示。

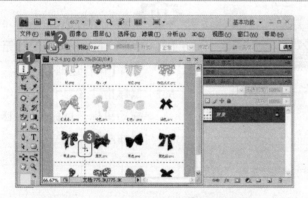

图 4-12

01 **绘制单列选区**

No1 在 Photoshop CS4 工具箱中选择【单列选区】工具。

No2 在选框工具选项栏中单击【添加到选区】按钮。

No3 鼠标指针变为╋形,在工作区中单击并拖动鼠标至目标位置,释放鼠标左键。

图 4-13

02 **完成绘制单列选区**

重复上述操作,通过以上方法即可完成使用【单列选框】工具绘制选区的方法。

选择非几何形状对象

本节导读

对于图像中的不规则图形可以使用【套索】工具和【多边形套索】工具进行选择，并创建选区，本节介绍有关【套索】工具和【多边形套索】工具的知识。

4.3.1 【套索】工具

使用【套索】工具可以绘制不规则的图形选区，释放鼠标后在起点和终点处自动连接一条直线，下面介绍具体的方法，如图 4-14 与图 4-15 所示。

图 4-14

 绘制不规则图形选区

No1 在 Photoshop CS4 工具箱中选择【套索】工具。

No2 鼠标指针变为 🔗 形，在工作区中单击并拖动鼠标左键绘制选区，到达目标位置后释放鼠标左键。

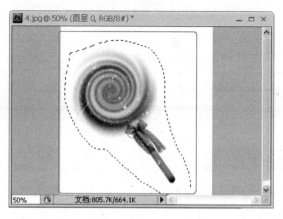

图 4-15

 完成绘制非几何图形选区

通过以上方法即可完成使用【套索】工具绘制非几何图形选区的操作。

举一反三

按下组合键〈Ctrl〉+〈D〉即可取消选区。

4.3.2 【多边形套索】工具

【多边形套索】工具可以用于选择具有棱角的图形,选择结束后在结束点双击即可与起点相连形成选区,下面介绍具体的方法,如图4-16与图4-17所示。

图4-16

01 绘制多边形选区

No1 在 Photoshop CS4 工具箱中选择【多边形套索】工具。

No2 鼠标指针变为 ♥ 形,单击准备选取的图像范围。

图4-17

02 完成绘制非几何图形选区

通过以上方法即可完成使用【多边形套索】工具绘制非几何图形选区的操作。

举一反三

按住〈Alt〉键的同时使用【多边形套索】工具,可以将其转换为【套索】工具。

4.4 智能选择工具

本节导读

智能选择工具包括【磁性套索】工具、【快速选择】工具、【魔棒】工具和【色彩范围】菜单项等,通过这些工具可以智能分析选择的范围,快速准确地选择图像,本节介绍使用智能选择工具的方法。

4.4.1 【磁性套索】工具

　　如果图像的边缘比较清晰,而且图像与背景的对比明显,【磁性套索】工具可以快速将其选中,下面介绍具体的使用方法,如图4-18与图4-19所示。

图4-18

01 磁性套索图形

No1　在 Photoshop CS4 工具箱中选择【磁性套索】工具。

No2　鼠标指针变为 🖐 形,沿着图像边缘进行套索,到达起点后,在起点锚点上单击。

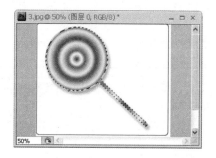

图4-19

02 完成创建选区

　　通过以上方法即可完成使用【磁性套索】工具创建选区的操作。

4.4.2 【快速选择】工具

　　【快速选择】工具是 Photoshop CS4 中新增的功能,通过画笔笔尖接触图形,自动查找图像边缘,下面进行具体介绍,如图4-20与图4-21所示。

图4-20

01 绘制图形选区

No1　在 Photoshop CS4 工具箱中选择【快速选择】工具。

No2　按下〈Caps Lock〉键,显示画笔笔尖检测的范围,鼠标指针变为 ⊕ 形,单击并拖动鼠标指针至目标位置,释放鼠标左键。

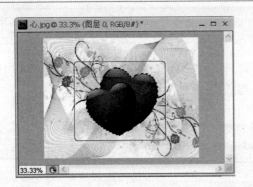

图4-21

02 完成绘制选区

通过以上方法即可完成使用【快速选择】工具绘制选区的操作。

 教你一招

增加选区与减少选区

使用【快速选择】工具选取图像时,按住〈Shift〉键的同时单击并拖动鼠标选择图像,可以增加选区的范围;按住〈Alt〉键的同时单击并拖动鼠标选择图像,可以减少选区的范围。

4.4.3 【魔棒】工具

1.【魔棒】工具选项栏

【魔棒】工具选项栏包括运算区域、【容差】文本框、【消除锯齿】复选框、【连续】复选框、【对所有图层取样】复选框和【调整边缘】按钮 调整边缘... 等,下面进行具体介绍,如图4-22所示。

图4-22 【魔棒】工具选项栏

> 【容差】文本框:在该文本框中可以设定魔棒取样的像素值,数值越大,对图像像素相似度的要求越低,选择的范围越大;数值越小,对图像像素相似度的要求越高,选择的范围越小。

> 【连续】复选框:选中该复选框后,在使用【魔棒】工具选择图像时,仅可以选中颜色连接的区域;取消选中该复选框后,在使用【魔棒】工具选择图像时,可以选中整个图像中颜色相近的区域。

> 【对所有图层取样】复选框:如果图像文件中包括多个图层,选中该复选框时可以选择所有可见图层中颜色相近的区域;取消选中该复选框时仅可以选择当前图层上颜色相近的区域。

2. 使用【魔棒】工具

【魔棒】工具用于选择色彩相似的区域,对于颜色跨度较大的图像可以使用该工具创建选区,下面介绍具体的方法,如图4-23与图4-24所示。

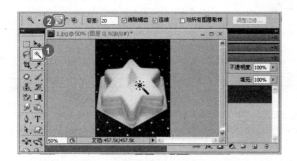

图4-23

01 选择选取范围

No1 在 Photoshop CS4 工具箱中选择【魔棒】工具。

No2 在【魔棒】选项栏中单击【添加到选区】按钮 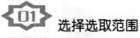。

No3 在准备选择的图像上连续单击选择图像。

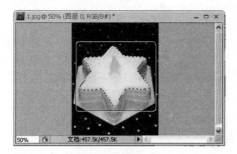

图4-24

02 完成创建选区

通过以上方法即可完成使用【魔棒】工具创建选区的操作。

4.4.4 【色彩范围】菜单项

【色彩范围】菜单项与【魔棒】工具的原理相似,并且可以对图像进行更多的设置,在【色彩范围】对话框中选中的图形为白色,下面介绍具体的方法,如图4-25~图4-27所示。

图4-25

01 选择【色彩范围】菜单项

No1 在 Photoshop CS4 菜单栏中选择【选择】主菜单。

No2 在弹出的下拉菜单中选择【色彩范围】菜单项。

图 4-26

02 选择图像范围

No1 系统弹出【色彩范围】对话框,单击【添加到取样】按钮。

No2 在预览图中单击准备选取的图像。

No3 单击【确定】按钮 确定 。

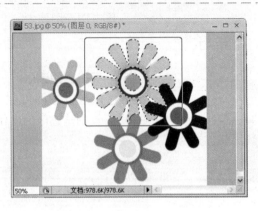

图 4-27

03 完成选取选区

通过以上方法即可完成使用【色彩范围】菜单项创建选区的操作。

Section

4.5 选区的基本编辑操作

本节导读

选区的基本操作包括全选与反选,重新选择,增加、删减和相交选区,存储和载入选区等,通过这些基本操作可以快速选择目标区域,本节介绍有关选区基本操作的知识。

4.5.1 全选与反选

全选是指选中图像上的所有图像,反选是指将当前选区与非选区互换,利用全选与反选可以快速选择图像,下面介绍具体的方法,如图 4-28 ~ 图 4-31 所示。

图 4-28

01 选择【全部】菜单项

No1 在 Photoshop CS4 菜单栏中
选择【选择】主菜单。

No2 在弹出的下拉菜单中选择
【全部】菜单项。

图 4-29

02 完成全部选择

通过以上方法即可完成全选
的操作。

举一反三

按下组合键〈Ctrl〉+〈A〉可以
快速选择全部图像。

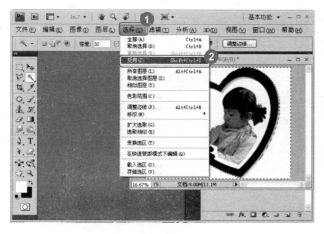

图 4-30

03 选择【反向】菜单项

No1 在图像中选择一部分后，在
Photoshop CS4 菜单栏中选
择【选择】主菜单。

No2 在弹出的下拉菜单中选择
【反向】菜单项。

图 4-31

04 **完成反向选择**

通过以上方法即可完成反向选择的操作。

举一反三

按下组合键〈Ctrl〉〈Shift〉+〈I〉可以快速的反向选择图像。

4.5.2 取消选择与重新选择

如果不准备对选区进行操作,可以取消选择选区;当再次准备对选区进行操作时,可以重新对选区进行选择,下面介绍具体的方法,如图 4-32 ~ 图 4-34 所示。

图 4-32

01 **选择【取消选择】菜单项**

No1 在 Photoshop CS4 菜单栏中选择【选择】主菜单。

No2 在弹出的下拉菜单中选择【取消选择】菜单项。

图 4-33

02 **选择【重新选择】菜单项**

No1 通过以上方法即可完成取消选择的操作。

No2 在 Photoshop CS4 菜单栏中选择【选择】主菜单。

No3 在弹出的下拉菜单中选择【重新选择】菜单项。

图 4-34

03 完成重新选择

通过以上方法即可完成重新选择的操作。

举一反三

按下组合键〈Ctrl〉〈Shift〉+〈D〉可以快速重新选择。

4.5.3 增加、删减和相交选区

在创建选区后可以通过添加到选区、从选区减去和与选区交叉等方式增加或减少选区，下面介绍具体的方法，如图 4-35 ~ 图 4-38 所示。

图 4-35

01 增加选区

No1 使用【椭圆选框】工具创建选区后。在选框工具选项栏中单击【添加到选区】按钮。

No2 鼠标指针变为十形，再次绘制选区，释放鼠标左键。

图 4-36

02 减少选区

No1 通过以上方法即可完成添加选区的操作。在选框工具选项栏中单击【从选区减去】按钮。

No2 鼠标指针变为十形，再次绘制选区，释放鼠标左键。

图4-37

图4-38

03 交叉选区

No.1 通过以上方法即可完成减少选区的操作。在选框工具选项栏中单击【与选区交叉】按钮。

No.2 鼠标指针变为十形,再次绘制选区,释放鼠标左键。

04 完成增加、减去和相交选区

通过以上方法即可完成增加、减去和相交选区的操作。

举一反三

按住〈Shift〉键即可进行增加选区操作;在键盘上按住〈Alt〉键即可进行减少选区操作。

4.5.4　存储和载入选区

在图像中已创建了选区,可以将其保存,以免对该图像再次编辑时重新创建选区,在需要该选区时可以将其载入,下面介绍具体的方法,如图4-39~图4-44所示。

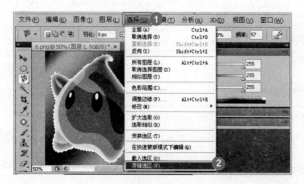

图4-39

01 选择【存储选区】菜单项

No.1 在图像中创建选区后,在Photoshop CS4 菜单栏中选择【选择】主菜单。

No.2 在弹出的下拉菜单中选择【存储选区】菜单项。

图 4-40

02　存储选区

No1　系统弹出【存储选区】对话框,在【名称】文本框中输入准备保存的名称。

No2　单击【确定】按钮 确定 。

图 4-41

03　完成存储选区

No1　调出【通道】面板。

No2　完成上述操作即可查看到已创建的选区。

图 4-42

04　选择【载入选区】菜单项

No1　打开创建选区图像,选择【选择】主菜单。

No2　在弹出的下拉菜单中选择【载入选区】菜单项。

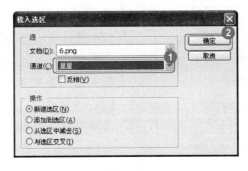

图 4-43

05　载入选区

No1　系统弹出【载入选区】对话框,在【通道】下拉列表框中输入准备载入的选区。

No2　单击【确定】按钮 确定 。

图 4-44

06 完成载入选区

通过以上方法即可完成载入选区的操作。

举一反三

载入选区时选中【反相】复选框,即可反向选择选区。

Section
4.6 选区的调整

本节导读

创建选区后可以对选区进行调整,对选区的调整包括扩展、收缩、边界化、平滑和羽化等,本节介绍对选区进行调整的方法。

4.6.1 扩展选区

扩展选区是在原有选区基础上进行加大范围的操作,可以选取更大区域的图像,下面介绍扩展选区的方法,如图 4-45 ~ 图 4-47 所示。

图 4-45

01 选择【扩展】菜单项

No1 选择选区后,在 Photoshop CS4 菜单栏中选择【选择】主菜单。

No2 在弹出的下拉菜单中选择【修改】菜单项。

No3 在弹出的子菜单中选择【扩展】菜单项。

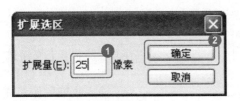

图 4-46

02 设置扩展量

No1 系统弹出【扩展选区】对话框,在【扩展量】文本框中输入扩展的像素值。

No2 单击【确定】按钮 。

图 4-47

03 完成扩展选区

通过以上方法即可完成扩展选区的操作。

举一反三

扩展选区的范围是 1～100 像素,选区边框中沿画布边缘分布的任何部分均不受影响。

4.6.2 收缩选区

收缩选区与扩展选区相对,可以缩小选区的范围,可以更加精确地选取图像,下面介绍收缩选区的方法,如图 4-48～图 4-50 所示。

图 4-48

01 选择【收缩】菜单项

No1 选择选区后,在 Photoshop CS4 菜单栏中选择【选择】主菜单。

No2 在弹出的下拉菜单中选择【修改】菜单项。

No3 在弹出的子菜单中选择【收缩】菜单项。

图 4-49

02 设置扩展量

No1 系统弹出【收缩选区】对话框,在【收缩量】文本框中输入收缩的像素值。

No2 单击【确定】按钮 。

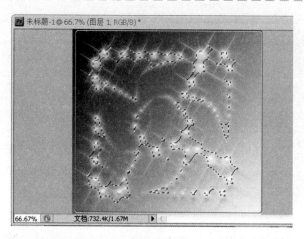

图 4-50

03 完成收缩选区

通过以上方法即可完成收缩选区的操作。

 举一反三

在【收缩量】文本框中可以输入 1~100 的整数值。

4.6.3 边界化选区

边界化选区是指根据设置的像素值同时向内部、外部扩展,下面介绍具体的方法,如图 4-51~图 4-53 所示。

图 4-51

01 选择【边界】菜单项

No1 在 Photoshop CS4 菜单栏中选择【选择】主菜单。

No2 在弹出的下拉菜单中选择【修改】菜单项。

No3 在弹出的子菜单中选择【边界】菜单项。

图 4-52

图 4-53

02 设置像素值

No1　系统弹出【边界选区】对话框,在【宽度】文本框中输入像素值。

No2　单击【确定】按钮 确定 。

03 完成设置边界选区

通过以上方法即可完成设置边界选区的操作。

举一反三

依次按下〈Alt〉+〈S〉+〈M〉+〈B〉也可以弹出【边界选区】对话框。

4.6.4　羽化选区边缘

羽化选区可以通过设置的像素值对图像边缘进行模糊,适当地对图像进行羽化可以使图像更加真实,下面介绍具体的方法,如图4-54 ~ 图4-56 所示。

图 4-54

01 选择【羽化】菜单项

No1　在 Photoshop CS4 菜单栏中选择【选择】主菜单。

No2　在弹出的下拉菜单中选择【修改】菜单项。

No3　在弹出的子菜单中选择【羽化】菜单项。

图 4-55

02 设置羽化半径

No1 系统弹出【羽化选区】对话框,在【羽化半径】文本框中输入羽化的像素值。

No2 单击【确定】按钮 `确定` 。

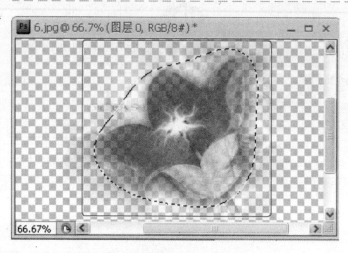

图 4-56

03 完成设置羽化选区

将图像反选并删除背景后,即可查看到羽化后的效果。通过以上方法即可完成设置羽化选区的操作。

 教你一招

设置羽化的组合键和注意事项

创建选区后按下组合键〈Ctrl〉+〈F6〉也可以弹出【羽化选区】对话框,对羽化半径进行设置。

如果羽化半径的值设置较大,超出了选区的范围,将会弹出警告对话框,而且选区将变得非常模糊。

Section
4.7 实践案例

本章以"将选区拖动到另一个图像中"和"平滑选区"为例,练习选择图像的方法。

4.7.1　将选区拖动到另一个图像中

使用移动工具可以将选区中的内容拖动到另一个图像中进行合成操作,下面介绍具体的方法,如图 4-57 与图 4-58 所示。

素材文件	配套素材\第 4 章\素材文件\4-7-1. JPG
效果文件	配套素材\第 4 章\效果文件\4-7-1. PSD

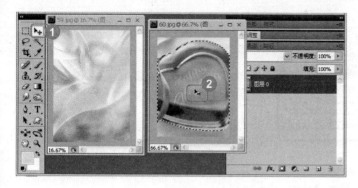

01　单击并拖动图像

No1　在 Photoshop CS4 工具箱中选择【移动】工具。

No2　鼠标指针变为 ▶ 形,单击并向目标图像中拖动,到达目标位置后释放鼠标左键。

图 4-57

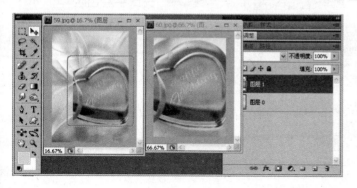

02　完成拖动图像

通过以上方法即可完成向另一个图像中拖动图像的操作。

图 4-58

4.7.2　平滑选区

使用平滑选区可以将选区中生硬的边缘变得平滑顺畅,使得选区的图像更加美观,下面介绍具体的方法,如图 4-59 ~ 图 4-61 所示。

素材文件	配套素材\第 4 章\素材文件\4-7-2. JPG
效果文件	配套素材\第 4 章\效果文件\4-7-2. PSD

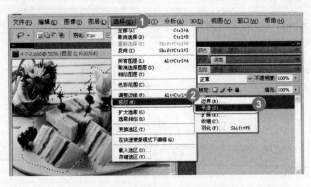

图 4-59

01 选择【平滑】菜单项

No1 在 Photoshop CS4 菜单栏中选择【选择】主菜单。

No2 在弹出的下拉菜单中选择【修改】菜单项。

No3 在弹出的子菜单中选择【平滑】菜单项。

图 4-60

02 设置取样半径

No1 系统弹出【平滑选区】对话框,在【取样半径】文本框中输入平滑的像素值。

No2 单击【确定】按钮 确定 。

图 4-61

03 完成平滑选区

通过以上方法即可完成平滑选区的操作,图像中的选区变得平滑。

 读书笔记

第5章

绘画与修饰图像技术

本章内容导读

　　本章介绍了使用绘画与修饰图像的技术，包括使用画笔面板、绘画工具、填充工具、擦除工具和修饰工具，最后以"绘制彩虹"和"创建自定义画笔"为例，练习使用 Photoshop CS4 工具的方法。

本章知识要点

　　☑ 画笔面板
　　☑ 绘画工具
　　☑ 填充工具
　　☑ 擦除工具
　　☑ 修饰工具

画笔面板

本节导读

画笔是 Photoshop CS4 中比较重要的工具，可以使用画笔绘制漂亮的图形。 画笔可以加载，也可以将自己绘制的图像定义为画笔，本节介绍有关画笔的知识。

5.1.1 了解画笔工具选项板和【画笔】面板

在使用画笔工具前应先了解画笔工具选项板和【画笔】面板的用途，这样有助于更好地利用画笔工具，下面进行具体的介绍。

1. 画笔工具选项板

画笔工具选项板包括【画笔】下拉面板、【模式】下拉列表框、【不透明度】文本框、【流量】文本框和【经过设置可以启用喷枪功能】按钮 等，如图5-1 所示。

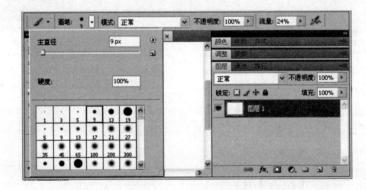

图 5-1　画笔工具选项板

> 【画笔】下拉面板：单击【画笔】下拉面板右侧的下拉箭头，可以弹出【画笔】下拉面板，在该面板中可以设置画笔的直径、硬度和画笔样式等，在该面板中单击【向右箭头】按钮 ，在弹出的下拉菜单中可以设置画笔预设、改变画笔预览效果、载入画笔和追加画笔等。
> 【模式】下拉列表框：在该下拉列表框中可以设置画笔的模式，例如溶解、变暗、变亮、叠加和点光等。
> 【不透明度】文本框：在该文本框中可以设置画笔的不透明度。
> 【流量】文本框：在该文本框中可以设置画笔的流量。
> 【经过设置可以启用喷枪功能】按钮 ：单击该按钮可以设置喷枪功能。

2.【画笔】面板

【画笔】面板中包括【画笔预设】列表,可以在该列表中设置画笔笔尖形状、形状动态、散布、纹理、双重画笔、颜色动态、其他动态、杂色、湿边、喷枪、平滑和保护纹理,在该面板中也可以删除和增加画笔等,如图5-2所示。

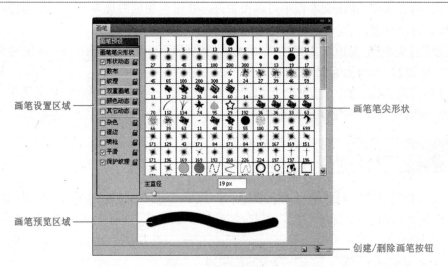

画笔设置区域

画笔笔尖形状

画笔预览区域

创建/删除画笔按钮

图 5-2 【画笔】面板

5.1.2 画笔笔尖形状

选择【画笔笔尖形状】选项后,可以对画笔进行调整,例如画笔图案、直径、翻转 X/翻转 Y、角度、圆度、硬度和间距等,如图5-3所示。

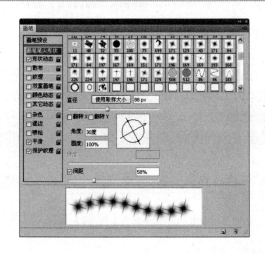

图 5-3 画笔笔尖形状

> 【直径】文本框:在该文本框中可以设置画笔的大小,直径的取值范围为 1 ~ 2500 px。
> 翻转 X/翻转 Y:可以改变画笔在 X 轴与 Y 轴上的方向,选中【翻转 X】复选框,可以使画笔水平翻转;选中【翻转 Y】复选框,可以使画笔垂直翻转。
> 【角度】文本框:可以用来设置画笔的旋转角度,可以在该文本框中设置角度,也可以在调整区域单击并拖动箭头进行调整。
> 【圆度】文本框:在该文本框中可以设置画笔长轴与短轴的比率,当圆度的值为 100% 时画笔为正圆形,设置为其他值时画笔将变扁。
> 【硬度】文本框:在该文本框中可以设置画笔硬度的大小,该值越大,画笔笔尖硬度越大;该值越小,画笔笔尖越柔和。
> 【间距】复选框:选中该复选框可以设置画笔笔尖的间距,该值越大,画笔笔尖的间距越大;该值越小,画笔笔尖的间距越小。

5.1.3　形状动态

在【画笔】面板中选择【形状动态】选项后即可显示设置的选项,包括大小抖动、最小直径、角度抖动、圆度抖动、最小圆度和翻转 X 抖动/翻转 Y 抖动等,如图 5-4 所示。

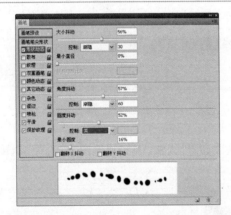

图 5-4　形状动态

> 大小抖动:在该文本框中可以设置画笔笔迹的大小,该值越大,画笔的笔迹越不规则,在该选项下方包含【控制】下拉列表框,可以通过其中的选项对画笔的大小抖动进行设置,例如,选择【关】选项为不控制画笔的笔迹大小;选择【渐隐】选项表示可以按照设置的数量在初始直径和最小直径之间对画笔进行渐隐,产生淡出效果。如果电脑中安装了数位板,可以设置其他菜单。
> 最小直径:该选项是在设置了大小抖动后进行设置的选项,该值越大,画笔笔尖的变化越小;该值越小,画笔笔尖的变化越大。
> 角度抖动:可以设置画笔的旋转角度,也可以在该选项的下方【控制】下拉列表框中设置选项。
> 圆度抖动和最小圆度:圆度抖动可以用来设置画笔在描边中的圆度变化方式,在设置了圆度抖动后才可以对最小圆度进行设置。

> 翻转 X 抖动/翻转 Y 抖动:可以设置画笔笔尖在 X 轴与 Y 轴上的旋转方向。

5.1.4 散布

选择【散布】选项后,可以对画笔的数量和位置进行设置,包括散布、数量和数量抖动,在画笔中形成不规则的一片画笔区域,如图 5-5 所示。

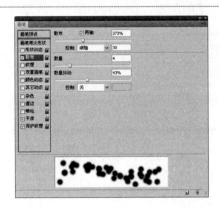

图 5-5 散布

> 散布:该选项可以设置画笔的分散程度,该值越大,画笔分散的范围越大;该值越小,画笔分散的范围越小,如果选中【两轴】复选框,画笔笔迹以中间为中心,同时向两侧分散。
> 数量:在该选项中可以设置画笔的数量。
> 数量抖动:在该选项中可以设置画笔的数量与间距之间的变化方式。

5.1.5 纹理

选择【纹理】选项后,可以在画笔中填充图案,包括纹理、缩放、【为每个笔尖设置纹理】复选框、模式、深度、最小深度和深度抖动,如图 5-6 所示。

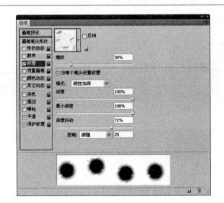

图 5-6 纹理

> 纹理:单击【纹理】缩略图右侧的向下箭头,在弹出的下拉面板中可以选择准备设置为纹理的填充图案,选中【反相】复选框后可以将纹理图案中的亮点和暗点互换。
> 缩放:可以调整纹理图案的显示大小。
> 【为每个笔尖设置纹理】复选框:选中该复选框可以设置下方的最小深度和深度抖动选项,为每个画笔笔尖设置纹理。
> 【模式】下拉列表框:可以设置纹理图案与前景色的混合模式。
> 深度:该选项可以设置纹理图案渗入画笔的深度,当该值为 0% 时,将隐藏纹理图案;当该值为 100% 时,将最大范围地显示纹理图案。
> 最小深度:可以设置纹理图案渗入的最小深度。
> 深度抖动:可以设置纹理图案渗入画笔的抖动大小。

5.1.6 双重画笔

双重画笔是将画笔预设与双重画笔中的画笔重叠使用,通过设置两个画笔的模式、直径、间距、散布与数量等参数创建画笔笔迹,如图 5-7 所示。

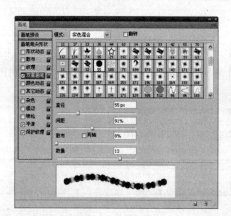

图 5-7 双重画笔

> 【模式】下拉列表框:可以在该列表框中设置两种画笔组合后的混合模式。
> 直径:可以用来设置组合后的画笔大小。
> 间距:可以设置两种画笔笔尖之间的距离。
> 散布:可以设置画笔的分布方式。
> 数量:可以设置画笔笔尖的数量。

5.1.7 颜色动态

选择【颜色动态】选项可以设置画笔的动态颜色变化,通过前景色和背景色可以设置颜色的动态效果,包括前景/背景抖动、色相抖动、饱和度抖动、亮度抖动和纯度等,如图 5-8 所示。

图5-8 颜色动态

> 前景/背景抖动：可以设置前景色与背景色的变化程度，该值越大，变化的颜色越接近背景色；该值越小，变化的颜色越接近前景色。
> 色相抖动：可以设置画笔颜色的变化范围，该值越大，色相变化越丰富。
> 饱和度抖动：可以设置画笔颜色饱和度的变化范围，该值越小，饱和度越接近前景色；该值越大，色彩饱和度越高。
> 亮度抖动：可以设置画笔颜色亮度的变化范围，该值越小，亮度越接近前景色；该值越高，亮度越大。
> 纯度：可以设置画笔颜色的纯度，该值越小，画笔的颜色越接近黑白色；该值越高，颜色的饱和度越大。

5.1.8 其他动态

选择【其他动态】选项，可以设置画笔笔迹的改变方式，在该选项中可以设置画笔的不透明度抖动和流量抖动等，如图5-9所示。

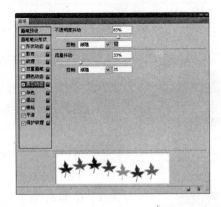

图5-9 其他动态

➢ 不透明度抖动：可以设置画笔笔迹不透明度的变化程度。

➢ 流量抖动：可以设置画笔流量的变化程度。

5.1.9 其他选项

其他选项包括杂色、湿边、喷枪、平滑和保护纹理，这些选项没有可以设置的数值，仅需选中相应的复选框即可。

➢ 杂色：可以设置画笔笔尖增加随机性，在使用柔画笔尖时，该选项最为有效。

➢ 湿边：可以沿着画笔的边缘增大油彩量。

➢ 喷枪：选中该复选框后可以在画笔中产生喷枪效果。

➢ 平滑：使画笔的边缘产生平滑的曲线。

➢ 保护纹理：可以将图案与缩放比例应用在具有纹理的画笔中，选中该复选框后，可以在绘制时保持画布纹理的一致性。

Section

5.2 绘画工具

本节导读

绘画是基于像素创建的位图像，在 Photoshop CS4 中绘画工具包括画笔工具和铅笔工具，使用这些工具可以快速绘制图形，本节介绍在 Photoshop CS4 中使用绘画工具的方法。

5.2.1 【画笔】工具

在 Photoshop CS4 中，【画笔】工具与毛笔类似，一般是使用前景色作为画笔的颜色绘制图形，下面介绍使用【画笔】工具的方法，如图 5-10 ～图 5-13 所示。

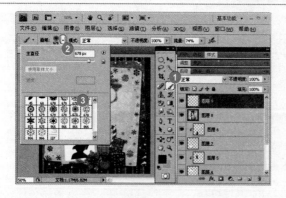

图 5-10

01 选择准备应用的画笔

No1 在 Photoshop CS4 工具箱中选择【画笔】工具。

No2 在【画笔】工具选项栏中单击【画笔】下拉面板右侧的下拉箭头。

No3 在弹出的下拉面板中选择准备应用的画笔样式。

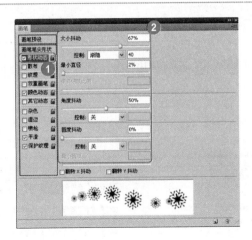

图 5-11

02　设置形状动态

No1　系统调出【画笔】面板后，选择【形状动态】选项。

No2　设置大小抖动、最小直径、角度抖动和圆度抖动。

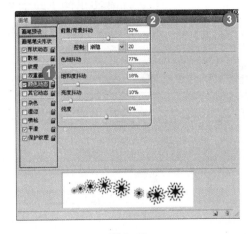

图 5-12

03　设置颜色动态

No1　选择【颜色动态】选项。

No2　设置前景/背景抖动、色相抖动、饱和度抖动、亮度抖动和纯度。

No3　单击【关闭】按钮■。

图 5-13

04　完成使用画笔

使用画笔在图像中涂抹。通过以上方法即可完成使用画笔的操作。

举一反三

按下〈F5〉键即可快速调出【画笔】面板。

5.2.2 【铅笔】工具

【铅笔】工具与【画笔】工具相似,但使用【铅笔】工具绘制出的图形仅为硬边的线条,而且将图形放大后会显示锯齿,下面介绍具体的方法,如图5-14与图5-15所示。

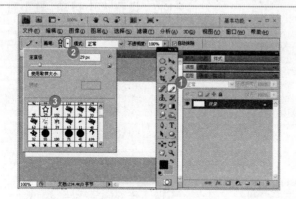

图 5-14

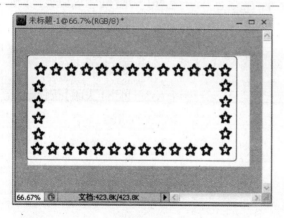

图 5-15

01 选择准备应用的铅笔

No1 在 Photoshop CS4 工具箱中选择【铅笔】工具。

No2 在【画笔】工具选项栏中单击【画笔】下拉面板右侧的下拉箭头。

No3 在弹出的下拉面板中选择准备应用的铅笔样式。

02 使用铅笔工具

使用铅笔工具进行绘制。通过以上方法即可完成使用铅笔工具绘制图形的操作。

举一反三

在【铅笔】工具选项板中选中【自动抹除】复选框,将鼠标指针定位在包含前景色的区域上,可以将该区域变为背景色。

Section

5.3 填充工具

本节导读

填充工具包括油漆桶工具、渐变工具和描边工具等,这些工具可以对图像内部和外部进行填充,增加图像的美观效果,本节介绍使用填充工具的方法。

5.3.1 【油漆桶】工具

【油漆桶】工具是指使用设置的前景色或自带的图案进行填充，可以对封闭区域中颜色相近的区域进行填充，下面介绍具体的使用方法，如图5-16与图5-17所示。

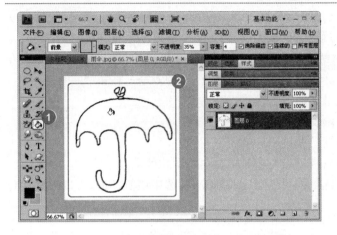

01 使用油漆桶工具

No1 在Photoshop CS4工具箱中选择【油漆桶】工具。

No2 鼠标指针变为 形，在工作区中单击准备填充的区域。

图5-16

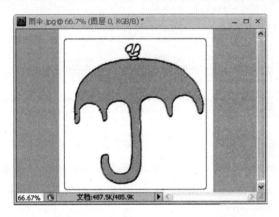

02 完成填充图像

通过以上方法即可完成使用【油漆桶】工具进行填充图像的操作。

图5-17

5.3.2 【渐变】工具

【渐变】工具是指可以使用前景色和背景色进行填充的工具，可以在图形中填充不同的色彩，下面具体介绍【渐变】工具。

1. 渐变工具选项栏

渐变工具选项栏包括渐变颜色条、渐变类型、【模式】下拉列表框、【不透明度】文本框、【反向】复选框、【仿色】复选框和【透明区域】复选框等，如图5-18所示。

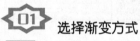

图 5-18 渐变工具选项栏

➢ 渐变颜色条：在渐变条中可以显示当前渐变的颜色，双击该渐变条后，即可弹出【渐变编辑器】对话框，可以设置渐变的颜色。

➢ 渐变类型：包括线性渐变、径向渐变、角度渐变、对称渐变和菱形渐变，其中，线性渐变可以设置从直线起点到终点的渐变；径向渐变可以设置从圆形起点到终点的渐变；角度渐变可以设置以起点按逆时针扫描方式渐变；对称渐变可以均衡地设置线性渐变在一侧产生渐变；菱形渐变可以设置从起点向周围渐变，并定义为一个角。

➢ 【模式】下拉列表框：可以设置渐变的混合模式。

➢ 【不透明度】文本框：可以设置渐变的不透明度。

➢ 【反向】复选框：可以将当前渐变的颜色顺序颠倒。

➢ 【仿色】复选框：选中该复选框后可以在打印时不显示条带化效果。

➢ 【透明区域】复选框：选中该复选框后要创建透明渐变，不选中该复选框，可以创建实色渐变。

2. 使用渐变工具

渐变工具可以在整个文档或已创建的选区内填充渐变颜色，下面以"角度渐变"为例，介绍使用渐变工具的方法，如图 5-19 ~ 图 5-21 所示。

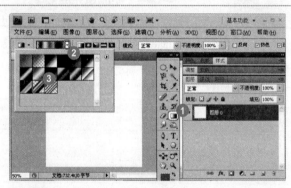

图 5-19

01 选择渐变方式

No1 在 Photoshop CS4 工具箱中选择【渐变】工具。

No2 在【渐变】工具选项栏中单击渐变条右侧的下拉箭头。

No3 在弹出的下拉面板中选择准备应用的渐变方式。

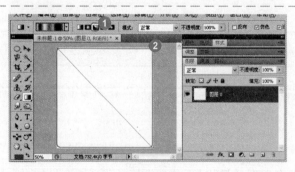

图 5-20

02 绘制渐变直线

No1 在【渐变】工具选项栏中单击【角度渐变】按钮■。

No2 在工作区中绘制准备渐变的直线。

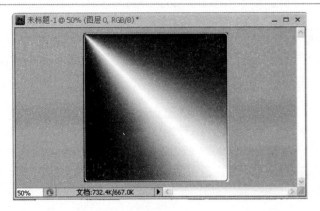

图 5-21

03 **完成使用渐变工具**

通过以上方法即可完成使用渐变工具的操作。

举一反三

双击渐变颜色条,系统弹出【渐变编辑器】对话框后也可以设置渐变的方式。

5.3.3 描边

描边需要在图像中创建选区,设置描边的方式,在选区的周围填充颜色,下面介绍进行描边的方法,如图 5-22 ~ 图 5-24 所示。

01 **选择【描边】菜单项**

No1 在工作区中选择准备描边的选区。

No2 在 Photoshop CS4 菜单栏中选择【编辑】主菜单。

No3 在弹出的下拉菜单中选择【描边】菜单项。

图 5-22

02 **设置描边选项**

No1 系统弹出【描边】对话框,在【宽度】文本框中输入准备描边的数值。

No2 在【颜色】面板中设置描边的颜色。

No3 单击【确定】按钮 确定 。

图 5-23

图 5-24

03 **完成描边**

通过以上方法即可完成描边的操作。

举一反三

在【描边】对话框的【位置】区域中可以设置描边的方式。

Section

5.4 擦除工具

本节导读

擦除工具包括橡皮擦工具、背景橡皮擦工具和魔术橡皮擦工具，使用这些工具可以快速擦除图像，本节介绍使用擦除工具的方法。

5.4.1 【橡皮擦】工具

在擦除图像时，如果背景为锁定状态，可以将图像擦除为背景色，如果在一般图层中擦除，可以将其擦除为透明色，下面介绍具体的方法，如图 5-25 与图 5-26 所示。

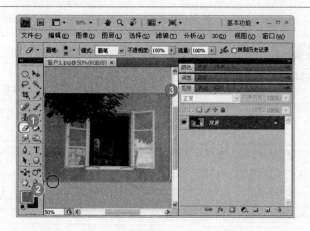

图 5-25

01 **使用橡皮擦擦除图像**

No1 在 Photoshop CS4 工具箱中选择【橡皮擦】工具。

No2 设置准备擦除的前景色。

No3 在工作区中单击并拖动鼠标进行擦除。

图 5-26

 完成擦除操作

通过以上方法即可完成使用橡皮擦擦除的操作。

举一反三

按下〈]〉键可以增大橡皮擦的擦除范围；按下〈[〉键可以减小擦除范围。

5.4.2 【背景橡皮擦】工具

【背景橡皮擦】工具可以自动识别图像的边缘，将背景擦为透明区域，下面介绍使用背景橡皮擦工具的方法，如图 5-27 与图 5-28 所示。

图 5-27

01 **擦除图像背景**

No1 在 Photoshop CS4 工具箱中选择【背景橡皮擦】工具。

No2 鼠标指针变为⊙形，单击并拖动鼠标擦除背景。

图 5-28

02 **完成擦除背景**

通过以上方法即可完成使用背景橡皮擦工具擦除背景的操作。

5.4.3 【魔术橡皮擦】工具

【魔术橡皮擦】工具可以自动分析图像对比显示的边缘,如果图层为锁定状态,可以将其擦除为背景色,否则为透明色,下面介绍具体的使用方法,如图5-29与图5-30所示。

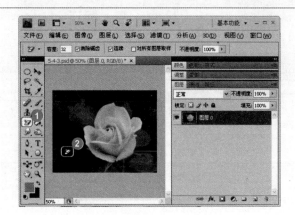

图 5-29

01 **擦除图像背景**

No1 在 Photoshop CS4 工具箱中选择【魔术橡皮擦】工具。

No2 鼠标指针变为 形,在工作区中准备擦除的图像上单击。

图 5-30

02 **完成擦除背景**

通过以上方法即可完成使用魔术橡皮擦工具擦除图像背景的操作。

Section
5.5 修饰工具

本节导读

修饰工具包括减淡与加深工具、模糊与锐化工具、涂抹工具、海绵工具、仿制图章工具、图案图章工具、修复画笔工具和修补工具,使用这些工具可以对图像进行修饰,本节介绍使用修饰工具的方法。

5.5.1 【减淡】和【加深】工具

　　使用【减淡】工具可以将图像变亮,使用【加深】工具可以使图像变暗,减淡或加深的类型包括阴影、中间调和高光等,下面进行具体介绍,如图 5-31 ~ 图 5-34 所示。

图 5-31

01 使用减淡工具

No1 在 Photoshop CS4 工具箱中选择【减淡】工具。

No2 在【减淡】工具选项栏中单击【范围】下拉列表框,选择【高光】列表项。

No3 在工作区中涂抹。

图 5-32

02 完成使用减淡工具

　　通过以上方法即可完成使用【减淡】工具的操作。

举一反三

　　选择【高光】列表项可以对图像中的亮部进行处理。

图 5-33

03 使用加深工具

No1 在 Photoshop CS4 工具箱中选择【加深】工具。

No2 在【加深】工具选项栏中单击【范围】下拉列表框,选择【阴影】列表项。

No3 在工作区中涂抹。

图 5-34

04 **完成使用加深工具**

通过以上方法即可完成使用【加深】工具的操作。

 举一反三

选择【阴影】列表项可以对图像中的暗部进行处理。

5.5.2 【模糊】和【锐化】工具

使用【模糊】工具可以减少图像的细节,产生柔化的效果,使用【锐化】工具可以增强图像相邻像素的对比度,下面介绍具体的方法,如图5-35～图5-38所示。

图 5-35

01 **使用模糊工具**

No1 在 Photoshop CS4 工具箱中选择【模糊】工具。

No2 在工作区中反复涂抹准备模糊的工具。

图 5-36

02 **完成使用模糊工具**

通过以上方法即可完成使用【模糊】工具的操作。

图 5-37

03 使用锐化工具

No1 在 Photoshop CS4 工具箱中
选择【锐化】工具。

No2 在工作区中反复涂抹准备
锐化的区域。

图 5-38

04 完成使用锐化工具

通过以上方法即可完成使用
【锐化】工具的操作。

5.5.3 【涂抹】工具

　　【涂抹】工具可以通过单击拾取涂抹的颜色,涂抹出手指滑过的痕迹,下面介绍具体的使用方法,如图 5-39 与图 5-40 所示。

图 5-39

01 使用涂抹工具

No1 在 Photoshop CS4 工具箱中
选择【涂抹】工具。

No2 在工作区中单击并拖动鼠
标反复涂抹。

图 5-40

5.5.4 【海绵】工具

【海绵】工具可以加深或降低图像色彩的饱和度,如果图像的模式为灰度,可以将灰阶远离或靠近中间灰色,下面介绍具体的方法,如图 5-41 与图 5-42 所示。

图 5-41

01 使用海绵工具

No1 在 Photoshop CS4 工具箱中选择【海绵】工具。

No2 在【海绵】工具选项栏的【模式】下拉列表框中选择【饱和】列表项。

No3 在工作区中反复涂抹准备增加饱和度的区域。

02 完成使用涂抹工具

通过以上方法即可完成使用【涂抹】工具的操作。

图 5-42

02 完成使用海绵工具

通过以上方法即可完成使用【海绵】工具的操作。

举一反三

在【模式】下拉列表框中选择【降低饱和度】列表项也可以降低图像的饱和度。

5.5.5　【仿制图章】工具

　　【仿制图章】工具可以拷贝图像中的信息,将其应用到其他位置,利用该工具也可以去除图像中的污点等,下面介绍具体的方法,如图5-43与图5-44所示。

图5-43

01　使用仿制图章工具

　　No1　在 Photoshop CS4 工具箱中选择【仿制图章】工具。

　　No2　在键盘上按下〈Alt〉键的同时,在图像中单击准备仿制的图案。

图5-44

02　完成使用仿制图章工具

　　在准备添加该图案的位置单击。通过以上方法即可完成使用【仿制图案】工具的操作。

5.5.6　【图案图章】工具

　　【图案图章】工具可以使用系统自带的图案在图像中填充,下面介绍具体的方法,如图5-45与图5-46所示。

图5-45

01　使用图案图章工具

　　No1　在 Photoshop CS4 工具箱中选择【图案图章】工具。

　　No2　在【图案图章】工具选项栏中单击【图案】按钮 🔲 下拉箭头。

　　No3　选择准备应用的图案。

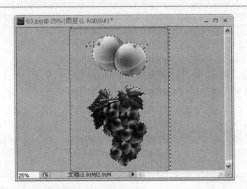

图 5-46

02 **完成使用图案图章工具**

在图形中创建填充的选区,在选区中反复涂抹。通过以上方法即可完成使用【图案图章】工具的操作。

5.5.7 【修复画笔】工具

【修复画笔】工具可以去除眼角的皱纹和眼带等,通过多次取样可以达到修复的目的,下面介绍具体的方法,如图5-47与图5-48所示。

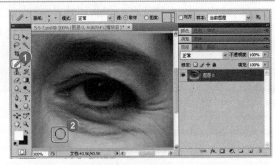

图 5-47

01 **使用修复画笔工具**

No1 在 Photoshop CS4 工具箱中选择【修复画笔】工具。

No2 按下〈Alt〉键的同时,在工作区中的皮肤光滑处取样。

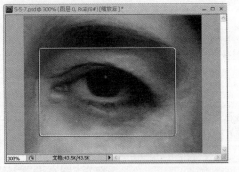

图 5-48

02 **完成去除皱纹**

通过以上方法即可完成使用修复画笔工具去除皱纹的操作。

5.5.8 【修补】工具

【修补】工具是通过将取样像素的纹理等因素与修补图像的像素进行匹配,清除图像中的杂点,下面介绍具体的方法,如图 5-49 与图 5-50 所示。

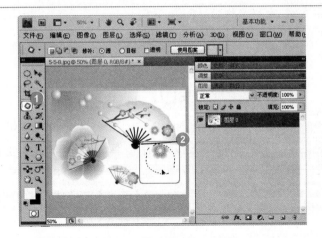

图 5-49

01 使用修补工具

No1 在 Photoshop CS4 工具箱中选择【修补】工具。

No2 在工作区中选中准备修补的图像,单击并向没有图案的位置拖动。

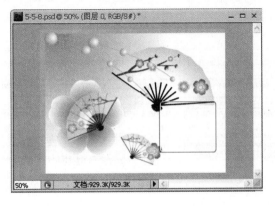

图 5-50

02 完成修补图像

通过以上方法即可完成修补图像的操作。

举一反三

在【修补】工具选项栏中选中【目标】单选按钮,可以进行复制选中图像的操作。

Section

5.6 **实践案例**

本节导读

本章以"绘制彩虹"和"创建自定义画笔"为例,练习使用工具的方法。

5.6.1 绘制彩虹

使用 Photoshop CS4 可以在图像中添加彩虹,增加美感,主要使用【矩形选框】工具和【自由变换】工具等,下面具体介绍绘制的方法,如图5-51~图5-54所示。

素材文件	配套素材\第5章\素材文件\5-6-1.JPG
效果文件	配套素材\第5章\效果文件\5-6-1.PSD

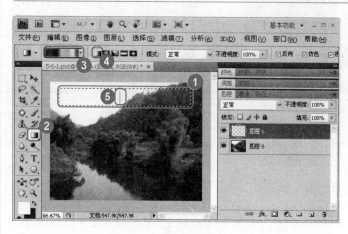

图 5-51

01 填充渐变

No1 在工作区中绘制矩形选框。

No2 在工具箱中选择【渐变】工具。

No3 在【渐变】工具选项栏中选择【色谱】方式。

No4 单击【线性渐变】按钮。

No5 垂直绘制渐变线。

图 5-52

02 选择【变形】菜单项

No1 取消选区后,对图像执行自由变换操作。

No2 鼠标右键单击定界框。

No3 在弹出的快捷菜单中选择【变形】菜单项。

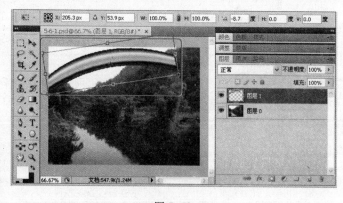

图 5-53

03 调整图形

使用变换命令调整图形的形状,并调整角度,将其移动至目标位置,按下〈Enter〉键。

图 5-54

04 完成绘制彩虹

将图层的不透明度调整为 20%。通过以上方法即可完成绘制彩虹的操作。

5.6.2 创建自定义画笔

在 Photoshop CS4 中可以将自己喜欢的图像定义为画笔,在需要的时候使用,避免了重新制作的麻烦,下面介绍具体的方法,如图 5-55 ~ 图 5-58 所示。

素材文件 配套素材\第 5 章\素材文件\5 - 6 - 2. JPG
效果文件 配套素材\第 5 章\效果文件\5 - 6 - 2. PSD

图 5-55

01 选择【定义画笔预设】菜单项

No1 选择准备定义为画笔的图像选区。

No2 在 Photoshop CS4 菜单栏中选择【编辑】主菜单。

No3 在弹出的下拉菜单中选择【定义画笔预设】菜单项。

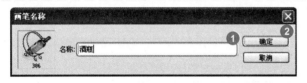

图 5-56

02 定义画笔

No1 在【名称】文本框中输入画笔名称。

No2 单击【确定】按钮 确定 。

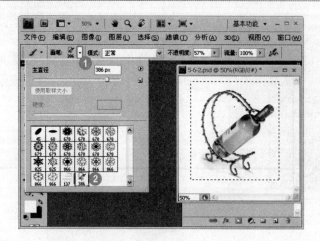

图 5-57

03 选择定义的画笔

No1 在 Photoshop CS4 工具箱中选择【画笔】工具后,在【画笔】工具选项栏中单击【画笔】下拉面板右侧的下拉箭头。

No2 在弹出的下拉面板中选择定义的画笔。

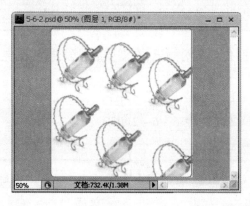

图 5-58

04 使用定义的画笔

新建一个图层,填充白色,使用画笔工具在图层中涂抹即可使用定义的画笔工具。

读书笔记

第 6 章
调整图像色彩模式

本章内容导读

本章介绍了有关调整图像色彩模式的方法,包括颜色模式、选取颜色、基本调整命令、特殊调整命令和特殊效果,最后以"将彩色图像转换为黑白图像"和"使用【通道混合器】命令调整图像色彩"为例,练习了使用调整图像色彩的技术。

本章知识要点

- ☑ 颜色模式
- ☑ 选取颜色
- ☑ 基本调整命令
- ☑ 特殊调整命令
- ☑ 特殊效果

6.1 颜色模式

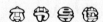

在 Photoshop CS4 中颜色模式包括位图模式、灰度模式、双色调模式、索引模式、RGB 颜色模式、CMYK 颜色模式、Lab 颜色模式和多通道模式等，本节介绍有关 Photoshop CS4 颜色模式的知识。

6.1.1 位图模式

位图模式是指仅使用黑白两种颜色中的一种表示图像中的像素，所以也称为黑白图像，当彩色图像转换为位图模式时，仅会保留图像中的亮度信息，而仅有灰度和双色调模式的图像才可以转换为位图模式，所以，在转换位图模式之前需要先将图像转换为灰度或双色调模式。在 Photoshop CS4 菜单栏中选择【图像】主菜单，在弹出的下拉菜单中依次选择【模式】→【位图】菜单项即可在转换位图时弹出【位图】对话框（见图 6-1），可以设置转换的分辨率和转换方法等，下面具体介绍转换的方法。

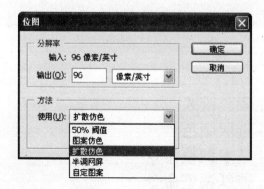

图 6-1 【位图】对话框

> 50% 阈值：设置该方法后，系统会自动以 50% 的色调作为分界点，灰度值高于中间色 128 的像素将转换为白色；灰度值低于中间色 128 的像素转换为黑色。

> 图案仿色：设置该方法后，系统会自动使用黑白色的点图案模拟色调。

> 扩散仿色：设置该方法后，系统会自动从图像左上角开始的误差扩散转换图像，并会产生颗粒状的纹理。

> 半调网屏：设置该方法后，系统会自动模拟印刷使用的半调网点外观。

> 自定图案：设置该方法后，可以单击【自定图案】按钮□□右侧的下拉箭头，在弹出的下拉面板中选择准备模式色调的图案。

6.1.2 灰度模式

灰度模式是不包含颜色的模式,彩色图像转换为灰度模式后,图像中原有的彩色信息会被删除,在 Photoshop CS4 菜单栏中选择【图像】主菜单,在弹出的下拉菜单中依次选择【模式】→【灰度】菜单项即可将图像转换为灰度模式,如图 6-2 所示。

图 6-2 灰度模式

6.1.3 双色调模式

双色调模式是通过 1 种、2 种、3 种和 4 种油墨打印灰度图像,在转换为双色调模式时必须在灰度模式下转换。在 Photoshop CS4 菜单栏中选择【图像】主菜单,在弹出的下拉菜单中依次选择【模式】→【双色调】菜单项,在弹出的【双色调选项】对话框中可以设置图像的类型,如图 6-3 所示。

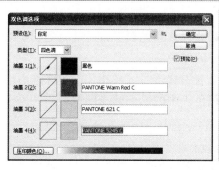 

图 6-3 双色调模式

➤ 编辑油墨颜色:在【双色调选项】对话框中单击【油墨】区域的【曲线】按钮，可以弹出【双色调曲线】对话框,通过调节曲线可以调整油墨的百分比;单击【油墨】区域的【颜色】按钮，可以弹出【颜色库】对话框,可以设置油墨的颜色。

➤ 【压印颜色】按钮 压印颜色(O)... :压印颜色是指相互打印在对方上的无网屏油墨,单击该按钮可以弹出【压印颜色】对话框,从而调整压印的颜色,这种调整仅影响在屏幕上显示的外观,不影响打印外观。

6.1.4　索引模式

索引模式是 GIF 格式文件的默认颜色模式，可以支持 256 种颜色，如果将彩色图像转换为索引颜色模式，在 Photoshop CS4 中将自动构建一个颜色查找表，存放图像中的索引颜色；如果当前图像中没有表中的某个颜色，Photoshop CS4 将会自动选取最接近的颜色。在 Photoshop CS4 菜单栏中选择【图像】主菜单，在弹出的下拉菜单中依次选择【模式】→【索引颜色】菜单项，在弹出的【索引颜色】对话框中可以对其进行设置，如图 6-4 所示。

图 6-4　索引模式

> 【调板】下拉列表框：可以在【调板】下拉列表框中选择索引颜色使用的调板类型，该选项可以决定索引使用的颜色。
> 【颜色】文本框：可以设置平均分布、可感知、可选择和随意性地显示颜色数量，最多可以设置 256 种颜色数量。
> 【强制】下拉列表框：可以将一些颜色强制放置在颜色表中，选择【自定】选项后，会弹出【颜色表】对话框，可以自行添加颜色表中的颜色。
> 【杂边】下拉列表框：可以使用背景色填充与图像透明区域相邻的边缘锯齿地带。
> 【仿色】下拉列表框：仿色选项可以模拟颜色表中的颜色填充图像。

6.1.5　RGB 颜色模式

RGB 颜色模式是用于屏幕显示的颜色模式，其中，R 代表红色、G 代表绿色、B 代表蓝色，在 24 位的图像中每种颜色包含 256 种亮度数值，RGB 颜色模式包括 1670 万种颜色。

6.1.6　CMYK 颜色模式

CMYK 颜色模式也称印刷色彩模式，主要用于打印输入图像，其中，C 代表青色、M 代表洋红、Y 代表黄色、K 代表黑色，选择了该颜色模式后，可以为每个像素的印刷油墨指定百分比。因为 CMYK 颜色模式的色域比 RGB 颜色模式小，所以仅在使用印刷色打印图像时方可使用。

6.1.7　Lab 颜色模式

　　Lab 颜色模式由照度和有关色彩的 L、a、b 三个要素组成,其中,L 代表亮度分量,取值范围为 0~100;a 代表由绿色到红色的光谱变化;b 代表由蓝色到黄色的光谱变化,取值范围为 −128~+127。Lab 颜色模式包含 RGB 和 CMYK 色域。

6.1.8　多通道模式

　　将图像转换为多通道模式后,每个通道都会使用 256 级灰度,在进行特殊打印时使用。如果将图像转换为多通道模式,Photoshop CS4 将会自动产生相同数目的新通道。

6.1.9　8 位、16 位、32 位/通道模式

　　8 位/通道模式代表其位深度为 8 位,每个通道可以支持 256 种颜色;16 位/通道模式的位深度为 16 位,每个通道可以支持 65000 种颜色。位深度也称像素深度,可以通过位深度测量打印图像时每个像素使用颜色的数量,位深度越大,意味着数字图像具有越多可用的颜色表示。

　　高动态范围的图像位深度为 32 位,可以使用 32 位/通道模式存储高动态范围图像的亮度值。

6.1.10　在颜色模式之间转换

　　如果准备在颜色模式之间进行转换,需要先将图像转换为索引模式,然后在 Photoshop CS4 菜单栏中选择【图像】主菜单,在弹出的下拉菜单中依次选择【模式】→【颜色表】菜单项。在弹出的【颜色表】对话框中可以设置准备使用的颜色模式,例如自定、黑体、灰度、色谱、系统(Mac OS)和系统(Windows),如图 6-5 所示。

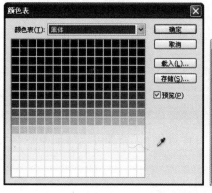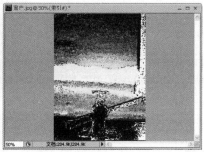

图 6-5　转换颜色模式

　　➢ 自定:可以创建指定的调色板,如果图像索引颜色数量有限,选择该菜单项可以产生特

殊的效果。

➤ 黑体:显示黑体经过辐射被加热后发出的颜色,依次为黑色、红色、橙色、黄色和赭色。

➤ 灰度:显示从黑色到白色的 256 个灰阶面板。

➤ 色谱:显示类似太阳光在棱镜中穿过产生的颜色,依次为紫色、蓝色、绿色、黄色、橙色和红色。

➤ 系统(Mac OS):显示 Mac OS 256 色系统面板。

➤ 系统(Windows):显示 Windows 256 色系统面板。

Section 6.2 选取颜色

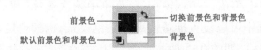

在 Photoshop CS4 中如果准备填充图像中的颜色,需要先选取图像中的颜色,选取颜色可以通过使用【吸管】工具和【拾色器】对话框,本节介绍选取颜色的方法。

6.2.1 了解前景色和背景色

在图像中绘制图形时,前景色决定了绘制图形的颜色,如果使用橡皮擦工具,背景色决定了擦除的颜色,前景色和背景色可以互相转换。默认情况下,前景色为黑色,背景色为白色,如图 6-6 所示。

前景色 —— 切换前景色和背景色
默认前景色和背景色 —— 背景色

图 6-6　前景色与背景色

➤ 前景色:在 Photoshop CS4 工具箱中单击【前景色】图标,可以弹出【拾色器(前景色)】对话框,设置准备应用的前景色。

➤ 背景色:在 Photoshop CS4 工具箱中单击【背景色】图标,可以弹出【拾色器(背景色)】对话框,设置准备应用的背景色。

➤ 切换前景色与背景色:单击【切换前景色与背景色】按钮可以将前景色与背景色互换。

➤ 默认前景色与背景色:单击【默认前景色与背景色】按钮可以将前景色与背景色恢复到默认颜色。

6.2.2 使用【吸管】工具选取颜色

如果准备使用图像中的颜色,可以使用【吸管】工具吸取图像中的颜色,下面介绍使用【吸管】工具选取颜色的方法,如图6-7与图6-8所示。

图 6-7

01 使用吸管工具

No1 在 Photoshop CS4 工具箱中选择【吸管】工具。

No2 鼠标指针变为 ✐ 形,在准备选取颜色的位置单击。

图 6-8

02 完成吸取颜色

通过以上方法即可完成吸取颜色的操作。

举一反三

按下〈D〉键即可快速恢复默认的前景色与背景色。

6.2.3 了解【拾色器】对话框

在【拾色器】对话框中可以设置前景色和背景色,还可以对 Web 安全色或自定的颜色系统选取颜色,如图6-9所示。

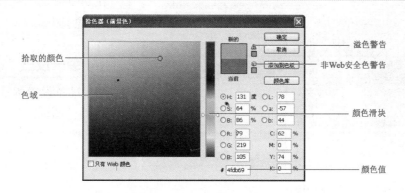

图6-9 【拾色器】对话框

➤ 色域/拾取的颜色:在准备拾取的颜色区域中单击即可改变当前的颜色。

➤ 颜色滑块:单击并拖动该滑块可以调整当前颜色的拾取范围。

➤ 颜色值:可以在该文本框中输入准备应用的颜色数值,在 CMYK 颜色模式下,通过青色、洋红色、黄色和黑色的百分比指定每个分量的数值;在 HSB(一种 8 位的灰度模式)颜色模式下,通过百分比指定饱和度和亮度;在 RGB 颜色模式下,可以指定 0 ~ 255 数值之间的分量值,其中 0 为黑色,255 为纯色;在 Lab 颜色模式下,通过输入 0 ~ 100 之间的亮度值和 − 128 ~ +127 之间的 a 值和 b 值确定当前颜色;在【#】文本框中输入颜色的十六进制数值确定颜色。

➤ 溢色警告:溢色指在 RGB、HSB 和 Lab 颜色模式中包含的颜色,在 CMYK 颜色模式中不包含,从而无法准备进行打印的颜色,单击【溢色警告】图标下方的【颜色】按钮■,即可将设置的颜色替换为 CMYK 颜色模式中与此接近的颜色。

➤ 非 Web 安全色警告:如果出现了该警告,表示当前的颜色不能在网上正确显示,单击【非 Web 安全色警告】图标下方的【颜色】按钮■,可以将该颜色替换为最接近 Web 安全色的颜色。

➤ 【只有 Web 颜色】复选框:选中该复选框,在色域中仅显示 Web 安全色,在该状态下拾取的颜色都为 Web 安全色。

➤ 【添加到色板】按钮 添加到色板 :单击该按钮,可以将当前设置的颜色添加到【色板】面板中。

➤ 【颜色库】按钮 颜色库 :单击该按钮,可以弹出【颜色库】对话框,在该对话框中单击【拾色器】按钮 拾色器(P) 即可返回到【拾色器】对话框。

6.2.4 使用【拾色器】对话框选取颜色

使用【拾色器】对话框可以选取多种颜色,并能调节颜色的饱和度,下面介绍使用拾色器选取颜色的方法,如图 6-10 ~ 图 6-12 所示。

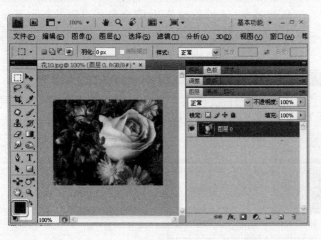

图 6-10

 单击【前景色】图标

在 Photoshop CS4 工具箱中单击【前景色】图标。

举一反三

如果准备设置背景色,可以单击【背景色】图标。

图 6-11

02 选取应用的颜色

No1 系统弹出【拾色器（前景色）】对话框，调整颜色滑块。

No2 在色域中选取准备应用的颜色。

No3 单击【确定】按钮 确定 。

图 6-12

03 完成选取颜色

通过以上方法即可完成使用拾色器选取颜色的操作。

6.2.5　使用【色板】面板选择颜色

在【色板】面板中可以选取固定的颜色，将其设置为前景色，下面介绍使用【色板】面板选择颜色的方法，如图 6-13 与图 6-14 所示。

图 6-13

01 选取应用的颜色

No1 在 Photoshop CS4 中调出【色板】面板。

No2 鼠标指针变为 ♪ 形，在展开的【色板】面板中单击准备选取的颜色。

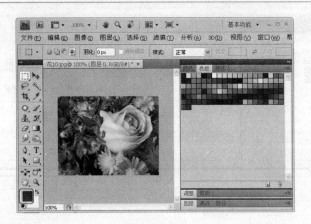

图6-14

02 **完成选取颜色**

通过以上方法即可完成使用【色板】面板选取颜色的操作。

举一反三

在【色板】面板中单击【新建色板】按钮，可以将当前的前景色新增为新的色板颜色。

Section

6.3 **基本调整命令**

本节导读

基本调整命令包括【自动色调】命令、【自动对比度】命令、【色彩平衡】命令、【亮度/对比度】命令、【自动颜色】命令和【去色】命令，通过这些命令可以快速调整图像的色彩，本节介绍使用基本调整命令的方法。

6.3.1 【自动色调】命令

使用【自动色调】命令可以增强图像的对比度，如果图像中的颜色变化不是很丰富，需要以简单的方式增强对比度可以使用该方法。在 Photoshop CS4 菜单栏中选择【图像】主菜单，在弹出的下拉菜单中选择【自动色调】菜单项即可自动对图像进行【自动色调】命令，如图6-15 所示。

图6-15 【自动色调】命令

6.3.2 【自动对比度】命令

使用【自动对比度】命令可以自动调整图像的对比度,让图像中高光更亮,阴影更暗,如果图像的对比度不明显,可以使用该命令。在 Photoshop CS4 菜单栏中选择【图像】主菜单,在弹出的下拉菜单中选择【自动对比度】菜单项即可使用该命令,如图 6-16 所示。

图 6-16 【自动对比度】命令

6.3.3 【色彩平衡】命令

使用【色彩平衡】命令可以整体更改图像的颜色混合,在 Photoshop CS4 菜单栏中选择【图像】主菜单,在弹出的下拉菜单中依次选择【调整】→【色彩平衡】菜单项,在弹出的【色彩平衡】对话框中即可对图像的色彩进行设置,如图 6-17 所示。

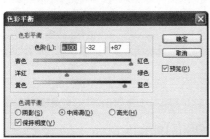

图 6-17 【色彩平衡】命令

> 色彩平衡:在【色彩平衡】区域中包括【色阶】文本框、【青色】滑块、【洋红】滑块和【黄色】滑块,在【色阶】文本框中可以输入准备调整的颜色数值,或调节颜色滑块。
> 色调平衡:在【色调平衡】区域中可以选择准备调整的色调范围,例如阴影、中间调和高光等,选中【保持明度】复选框后,可以避免图像中的亮度值随颜色的改变而更改,保持图像原有的明亮度。

6.3.4 【亮度/对比度】命令

使用【亮度/对比度】命令可以对图像的色彩范围进行调整，在 Photoshop CS4 菜单栏中选择【图像】主菜单，在弹出的下拉菜单中依次选择【调整】→【亮度/对比度】菜单项，在弹出的【亮度/对比度】对话框中可以对图像进行调节，如图 6-18 所示。

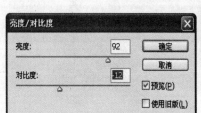

图 6-18 【亮度/对比度】命令

6.3.5 【自动颜色】命令

使用【自动颜色】命令可以通过对图像中阴影、中间调和高光进行标识，自动校正偏色的图像，在 Photoshop CS4 菜单栏中选择【图像】主菜单，在弹出的下拉菜单中选择【自动颜色】菜单项即可进行调整，如图 6-19 所示。

图 6-19 【自动颜色】命令

6.3.6 【去色】命令

使用【去色】命令可以将图像中的颜色删除，但不会更改图像的颜色模式，如果图像中创建了选区，执行【去色】命令后，会将选区中图像的颜色去除。在 Photoshop CS4 菜单栏中选择【图像】主菜单，在弹出的下拉菜单中依次选择【调整】→【去色】菜单项即可执行【去色】命令，如图 6-20 所示。

图6-20 【去色】命令

6.4 特殊调整命令

本节导读

特殊调整命令包括【色阶】命令、【曲线】命令、【色相/饱和度】命令、【阴影/高光】命令、【匹配颜色】命令、【变化】命令、【通道混合器】命令和【曝光度】命令等，本节介绍有关特殊调整命令的方法。

6.4.1 【色阶】命令

使用【色阶】命令可以对图像的阴影、中间调和高光进行调整，校正图像的色彩平衡。在Photoshop CS4 菜单栏中选择【图像】主菜单，在弹出的下拉菜单中依次选择【调整】→【色阶】菜单项即可在弹出的【色阶】对话框中进行设置，如图6-21 所示。

图6-21 【色阶】对话框

➤【预设】下拉列表框：在该下拉列表框中包含软件提供的调整文件，可以对图像使用相同的方法进行调整,也可将自行设置的命令保存,以便在处理其他图像时使用。

➤ 【通道】下拉列表框:在该下拉列表框中可以选择准备调整的通道。如果准备同时调整多个通道,可以展开【通道】面板,在键盘上按住〈Shift〉键的同时,选择准备调整的通道,再打开【色阶】对话框,即可对这些通道进行调整。

➤ 输入色阶:在文本框中输入准备调整的数值,或调整输入色阶滑块可以对图像的阴影、中间调和高光进行调整。

➤ 输出色阶:在文本框中输入准备调整的数值,或调整输出色阶滑块可以设定图像调整的亮度范围,降低图像的对比度。

➤ 【设置黑场】按钮 :单击该按钮后,在图像任意位置单击,可以将单击的点像素改变为黑色,图像中比单击点暗的像素也会变为黑色。

➤ 【设置灰点】按钮 :单击该按钮后,在图像任意位置单击,可以根据单击点的亮度调整中间色调的平均亮度。

➤ 【设置白场】按钮 :单击该按钮后,在图像任意位置单击,可以将单击的点像素改变为白色,图像中比单击点亮的像素也会变为白色。

➤ 【自动】按钮 自动(A) :单击该按钮,Photoshop CS4 会以 0.5% 的比例自动进行颜色校正,使得图像中的亮度均匀分布。

➤ 【选项】按钮 选项(T)... :单击该按钮,可以弹出【自动颜色校正选项】对话框,在该对话框中可以设置黑色和白色像素的比例。

6.4.2 【曲线】命令

使用【曲线】命令可以调整图像的色彩和色调,在功能上比【色阶】命令强大。【曲线】命令可以在整个图像的色调范围内进行调整,最多为 14 个点。在 Photoshop CS4 菜单栏中选择【图像】主菜单,在弹出的下拉菜单中依次选择【调整】→【曲线】菜单项即可弹出【曲线】对话框,对图像进行调整,如图 6-22 所示。

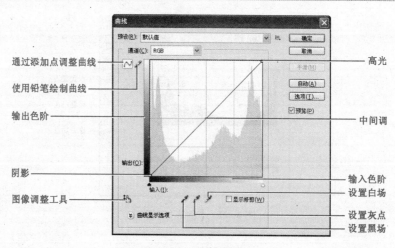

图 6-22 【曲线】对话框

> ➤ 【预设】下拉列表框:在该下拉列表框中可以使用 Photoshop CS4 自带的调整文件对图像进行调整,例如彩色负片、反冲、较暗、增加对比度、较亮、线性对比度、中对比度、负片和强对比度等。

> ➤ 【通道】下拉列表框:在该下拉列表框中可以选择准备调整的通道,例如 RGB 通道、红通道、绿通道和蓝通道等;如果调整 CMYK 模式的图像,可以调整复合通道,例如青色、洋红、黄色和黑色通道等。

> ➤ 【图像调整工具】按钮 :单击该按钮后,可以在图像中单击并拖动调整曲线。

> ➤ 【通过添加点调整曲线】按钮 :单击该按钮后,可以在曲线中添加新的控制点,改变曲线的形状。

> ➤ 【使用铅笔绘制曲线】按钮 :单击该按钮后,可以在曲线区域中自行绘制曲线。

> ➤ 【平滑】按钮 平滑(M) :使用【使用铅笔绘制曲线】按钮 绘制曲线后,单击该按钮可以使曲线变得平滑。

> ➤ 输入色阶/输出色阶:输入色阶中显示调整前的像素值;输出色阶中显示调整后的像素值。

> ➤ 阴影/中间调/高光:移动曲线底部的点可以调整图像中的阴影区域;调整曲线中间的点,可以调整图像的中间调;调整曲线顶部的点,可以调整图像的高光区域。

> ➤ 【自动】按钮 自动(A) :单击该按钮,可以自动校正图像的颜色、对比度和色调等。

6.4.3 【色相/饱和度】命令

使用【色相/饱和度】命令可以调整图像的颜色范围的色相、饱和度和亮度等。在 Photoshop CS4 菜单栏中选择【图像】主菜单,在弹出的下拉菜单中依次选择【调整】→【色相/饱和度】菜单项,在弹出的【色相/饱和度】对话框中对图像进行调整,如图 6-23 所示。

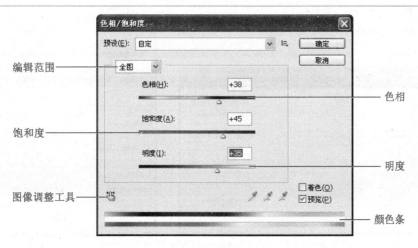

图 6-23 【色相/饱和度】对话框

> ➤ 【编辑范围】下拉列表框:在该下拉列表框中可以选择准备调整的颜色,如红色、黄色、绿

色、青色、蓝色和洋红等,可以单独对图像的颜色进行调整。

> 色相:在文本框中输入数值或单击并拖动滑块,可以更改图像的色相,向左将减少色相,向右将增加色相。

> 饱和度:在文本框中输入数值或单击并拖动滑块,可以更改图像的饱和度,向左将减少饱和度,向右将增加饱和度。

> 明度:在文本框中输入数值或单击并拖动滑块,可以更改图像的明度,向左将减少饱和度,向右将增加饱和度。

> 【着色】复选框:选中该复选框,可以将图像转换为仅有一种颜色的图像。

> 【吸管】工具:如果在图像中选择了一种颜色,可以使用【吸管】工具在图像中单击准备定义的颜色范围,单击【添加到取样】按钮 ,可以增加颜色的范围;单击【减去】按钮 ,可以减少颜色的范围。

> 【图像调整工具】按钮:单击该按钮,在图像中单击选取准备更改的像素,向左拖动鼠标可以减少颜色的饱和度,向右拖动鼠标可以增加颜色的饱和度。

> 颜色条:在【色相/饱和度】对话框底部包含两个颜色条,上面的颜色条代表调整前的颜色,下面的颜色条代表调整后的颜色。

6.4.4 【阴影/高光】命令

【阴影/高光】命令可以对阴影或高光区域相邻像素进行校正,对阴影区域进行调整时,对高光区域的影响可以忽略不计,对高光区域进行调整时,对阴影区域的影响可以忽略不计。在Photoshop CS4 菜单栏中选择【图像】主菜单,在弹出的下拉菜单中依次选择【调整】→【阴影/高光】命令即可弹出【阴影/高光】对话框,如图 6-24 所示。

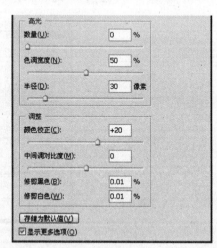

图 6-24 【阴影/高光】对话框

> 【阴影】区域:该区域与【高光】区域相同,包含了数量、色调宽度和半径 3 个选项,可以对图像中的阴影区域进行调整。单击并拖动【数量】滑块可以调整阴影的亮度,该值越

大,阴影区域越亮;【色调宽度】滑块可以控制色调的修改范围,该值越小,影响的区域越小,该值越大,影响的区域越大;【半径】滑块可以控制每个像素相邻像素值的大小。

> 【高光】区域:在该区域中可以对图像中的高光区域进行调整,【数量】滑块可以调整强度,该值越大,图像的高光区域越暗,该值越小,图像的高光区域越亮;【色调宽度】滑块可以调整色调的修改范围,该值越小,影响的区域越小;【半径】滑块可以控制每个像素相邻像素值的大小。

> 【调整】区域:在该区域中包含了颜色校正、中间调对比度和修剪黑色/修剪白色选项,其中【颜色校正】选项可以调整已更改区域的色彩。【中间调对比度】滑块可以调整中间调的对比度,向左拖动可以降低对比度,向右拖动可以增加对比度;【修剪黑色/修剪白色】滑块可以指定将图像中的阴影和高光剪切到新区域的对比度,该值越大,图像的对比度越强。

6.4.5　【匹配颜色】命令

使用【匹配颜色】命令可以将一个图像中的颜色与另一个图像中的颜色匹配,如果同时对一组图像进行编辑,可以使图像中的颜色保持一致。在 Photoshop CS4 菜单栏中选择【图像】主菜单,在弹出的下拉菜单中依次选择【调整】→【匹配颜色】菜单项即可弹出【匹配颜色】对话框,如图 6-25 所示。

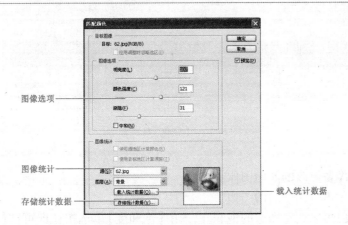

图 6-25　【匹配颜色】对话框

> 【图像选项】区域:在该区域中包含【明亮度】、【颜色深度】、【渐隐】滑块和【中和】复选框。单击并拖动【明亮度】滑块可以调整图像的亮度;单击并拖动【颜色强度】滑块可以调整图像色彩的饱和度,如果该值为1,可以生成灰度的图像;单击并拖动【渐隐】滑块可以控制图像的调整量,该值越高,强度越弱;选中【中和】复选框后,可以将图像中的色彩偏差消除。

> 【图像统计】区域:在该区域中包含【源】下拉列表框、【图层】下拉列表框、【载入统计数据】按钮 载入统计数据(Q)... 和【存储统计数据】按钮 存储统计数据(V)... 。在【源】下拉列表框中选择准备与图像颜色匹配的图像;在【图层】下拉列表框中选择准备匹配颜色的图像

所在的图层;单击【载入统计数据】按钮 载入统计数据(O)... ,可以将当前对图像的设置保存;单击【存储统计数据】按钮 存储统计数据(V)... 可以载入已保存的设置。

6.4.6 【变化】命令

使用【变化】命令可以调整图像的色彩平衡、对比度和饱和度等,并可以在预览区中查看更改的效果。在 Photoshop CS4 菜单栏中选择【图像】主菜单,在弹出的下拉菜单中依次选择【调整】→【变化】菜单项即可弹出【变化】对话框,如图6-26所示。

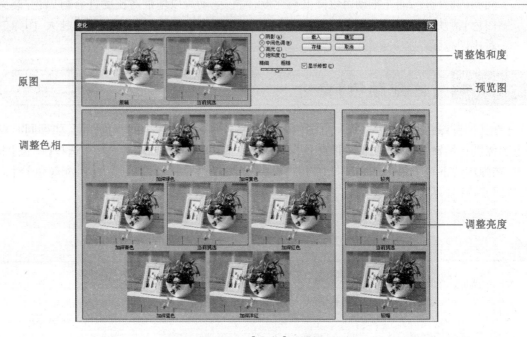

图 6-26 【变化】对话框

> 原图:显示准备更改的原始图像。
> 预览图:显示进行调整后的图像。
> 调整饱和度:可以调整图像的饱和度,选中【饱和度】单选按钮即可在【调整色相】区域中显示调整的预览图;选中【阴影】、【中间色调】和【高光】单选按钮,可以对图像的阴影、中间调和高光进行调整。
> 调整色相:可以对图像的色相进行调整。
> 调整亮度:可以对图像的亮度进行调整。

6.4.7 【通道混合器】命令

使用【通道混合器】命令可以修改图像的颜色通道,可以创建灰度图像、棕褐色调图像和其他色调图像等。在 Photoshop CS4 菜单栏中选择【图像】主菜单,在弹出的下拉菜单中依次选择【调整】→【通道混合器】菜单项即可弹出【通道混合器】对话框,如图6-27所示。

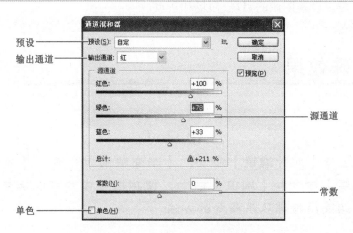

图 6-27 【通道混合器】对话框

> 【预设】下拉列表框：在该下拉列表框中可以使用 Photoshop CS4 自带的调整文件调整图像。
> 【输出通道】下拉列表框：在该下拉列表框中可以选择准备调整的通道。
> 【源通道】区域：可以调整源通道所占的百分比。
> 【常数】滑块：可以调整输出通道的灰度值，向右拖动滑块可以增加白色；向左拖动滑块可以增加黑色。
> 【单色】复选框：选中该复选框后，可以将彩色图像转换为黑白图像。

6.4.8 【曝光度】命令

【曝光度】命令是针对 HDR 图像色调的命令，在 Photoshop CS4 中选择【图像】主菜单，在弹出的下拉菜单中依次选择【调整】→【曝光度】菜单项即可弹出【曝光度】对话框，如图 6-28 所示。

图 6-28 【曝光度】对话框

> 【曝光度】滑块：单击该滑块可以对色调范围的高光端进行调整。
> 【位移】滑块：单击该滑块可以对阴影和中间调进行调整，使其变暗。
> 【灰度系数校正】滑块：可以调整图像的灰度系数。

> 吸管工具：可以设置图像的黑场、白场和灰点。

6.5 特殊效果

本节导读

　特殊效果包括【照片滤镜】命令、【渐变映射】命令、【色调均化】命令、【色调分离】命令和【阈值】命令，使用这些命令可以调整图像的整体效果，本节介绍使用特殊效果命令的方法。

6.5.1 【照片滤镜】命令

　　使用【照片滤镜】命令可以校正图像的色彩效果。在 Photoshop CS4 菜单栏中选择【图像】主菜单，在弹出的下拉菜单中依次选择【调整】→【照片滤镜】菜单项即可弹出【照片滤镜】对话框，如图 6-29 所示。

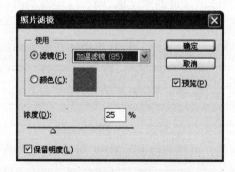

图 6-29　【照片滤镜】对话框

> 【滤镜】下拉列表框：在该下拉列表框中可以选择准备使用的滤镜，就像在相机镜头前方添加彩色滤镜。
> 【颜色】按钮███：单击该按钮可以弹出【选择滤镜颜色】对话框，选择滤镜应用的颜色。
> 【浓度】滑块：单击并拖动该滑块可以调整图像颜色的数量。
> 【保留明度】复选框：选中该复选框可以保留图像的明度，使其不会受添加滤镜影响而变暗。

6.5.2 【渐变映射】命令

　　使用【渐变映射】命令可以将设定的颜色映射到图像中。在 Photoshop CS4 菜单栏中选择【图像】主菜单，在弹出的下拉菜单中依次选择【调整】→【渐变映射】菜单项即可弹出【渐变映射】对话框,如图6-30所示。

图6-30 【渐变映射】对话框

> 【灰度映射所用的渐变】区域:在该区域中可以设置映射的颜色,单击颜色条,将会弹出
  【渐变编辑器】对话框从而可以进行颜色调整。
> 【渐变选项】区域:在该区域中选中【仿色】复选框,可以在图像中添加杂色;选中【反
  向】复选框,可以对渐变的方向进行切换。

6.5.3 【色调均化】命令

使用【色调均化】命令可以重新分布图像的亮度值,将最亮的像素调整为白色,最暗的像
素调整为黑色。在Photoshop CS4菜单栏中选择【图像】主菜单,在弹出的下拉菜单中依次选择
【调整】→【色调均化】菜单项即可执行该命令,如果图像中已创建了选区,系统会弹出【色调均
化】对话框,如图6-31所示。

图6-31 【色调均化】对话框

> 【仅色调均化所选区域】单选按钮:选中该单选按钮后,执行【色调均化】命令仅将选区
  内的像素平均分布。
> 【基于所选区域色调均化整个图像】单选按钮:选中该单选按钮后,执行【色调均化】命
  令可以根据选区的像素平均分布到所有像素中。

6.5.4 【色调分离】命令

使用【色调分离】命令可以按照设置的色阶数量减少图像的颜色,如果准备创建大的单调
区域,可以使用该命令。在Photoshop CS4菜单栏中选择【图像】主菜单,在弹出的下拉菜单中
依次选择【调整】→【色调分离】菜单项即可弹出【色调分离】对话框,如图6-32所示。

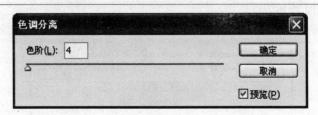

图 6-32 【色调分离】对话框

6.5.5 【阈值】命令

使用【阈值】命令可以删除图像中的色彩信息,将其转换为黑白色的图像。在 Photoshop CS4 菜单栏中选择【图像】主菜单,在弹出的下拉菜单中依次选择【调整】→【阈值】菜单项即可弹出【阈值】对话框,如图 6-33 所示。

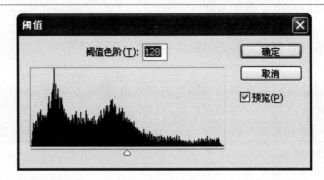

图 6-33 【阈值】对话框

Section
6.6 实践案例

本章以"将彩色图像转换为黑白图像"和"使用【通道混合器】命令调整图像色彩"为例,练习调整图像色彩的方法。

6.6.1 将彩色图像转换为黑白图像

彩色图像可以转换为黑白图像,使得阴影部分更暗,高光部分更亮,下面介绍具体的转换方法,如图 6-34 ~ 图 6-36 所示。

| 素材文件 | 配套素材\第6章\素材文件\6-6-1.JPG |
| 效果文件 | 配套素材\第6章\效果文件\6-6-1.PSD |

图 6-34

01 单击【黑白】按钮

No1 在 Photoshop CS4 中展开【调整】面板。

No2 在【调整】面板中单击【黑白】按钮█。

图 6-35

02 设置调整的数值

进入【黑白】面板，在该面板中设置红色、黄色、绿色、青色、蓝色和洋红等数值。

图 6-36

03 完成设置数值

通过以上方法即可完成将彩色图像转换为黑白图像的操作。

6.6.2 使用【通道混合器】命令调整图像色彩

使用【通道混合器】命令可以对图像的色调和色彩进行调整，下面介绍具体的方法，如图 6-37 ～图 6-39 所示。

| 素材文件 | 配套素材\第6章\素材文件\6-6-2.JPG |
| 效果文件 | 配套素材\第6章\效果文件\6-6-2.PSD |

图 6-37

01 **单击【色彩平衡】按钮**

No1 在 Photoshop CS4 中展开
【调整】面板。

No2 在【调整】面板中单击【色
彩平衡】按钮。

图 6-38

02 **调整色调和色彩**

No1 在【色调】区域选中【中间
调】单选按钮。

No2 调整青色、洋红和黄色滑
块,调整数值。

图 6-39

03 **完成调整图像色彩**

通过以上方法即可完成使用
【通道混合器】命令调整图像色彩
的操作。

第 1 章

图层技术与效果技巧

本章内容导读

本章介绍了有关图层技术与效果技巧的知识,包括图层、创建图层、编辑图层、排列与分布图层、合并与盖印图层、用图层组管理图层、图层样式、编辑图层样式和应用样式面板,最后以"载入样式库"和"将图层样式创建为图层"为例,练习了对图层操作的方法。

本章知识要点

- ☑ 图层
- ☑ 创建图层
- ☑ 编辑图层
- ☑ 排列与分布图层
- ☑ 合并与盖印图层
- ☑ 用图层组管理图层
- ☑ 图层样式
- ☑ 编辑图层样式
- ☑ 应用样式面板

7.1 图层

本节导读

图层是 Photoshop CS4 中最为重要的核心功能，对图像的编辑需要在图层上完成，了解图层与【图层】面板的功能，更有助于对图像进行编辑，本节介绍有关图层的知识。

7.1.1 了解图层原理

在 Photoshop CS4 中可以将图层比作一叠透明的纸，并且在每张纸上保存着绘制的不同图像，将这些图像组合在一起可以组成一幅完整的图像，透过每一张纸都会看到下方的图像，如图 7-1 所示。

图 7-1　图像效果与【图层】面板状态

7.1.2 了解【图层】面板

在【图层】面板中可以单独对某个图层中的内容进行编辑，而不会影响其他图层中的内容，在【图层】面板中包含很多按钮，如图 7-2 所示。

➢ 设置图层的混合模式：在该下拉列表框中可以设置图层的混合模式，例如溶解、叠加、色相和差值等。

➢ 锁定按钮区域：该区域中包括【锁定透明像素】按钮⊠、【锁定图像像素】按钮✏、【锁定位置】按钮✥和【锁定全部】按钮🔒，可以设置当前图层的属性。

➢ 设置图层不透明度：可以设置当前图层的不透明度，数值为 0 ~ 100。

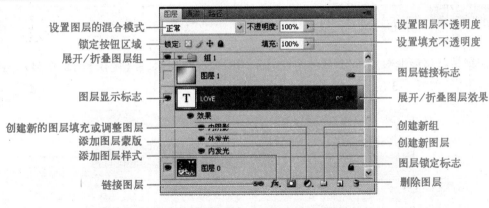

图 7-2 【图层】面板

> 设置填充不透明度:可以设置当前图层填充的不透明度,数值为 0 ~ 100。
> 展开/折叠图层组:可以将图层编组,在该图标中可以将图层组展开或折叠。
> 图层显示标志:如果在图层前显示 <img> 标志,表示当前图层为可见,单击该图标可以将当前图层隐藏。
> 图层链接标志:表示彼此链接的图层,并且可以对链接的图层进行整体移动或设置样式等操作。
> 展开/折叠图层效果:单击该图标可以将当前图层的效果在图层下方显示,再次单击可以隐藏该图层的效果。
> 图层锁定标志:表明当前图层为锁定状态。
> 【链接图层】按钮 <img> :在【图层】面板中选中准备链接的图层,单击该按钮可以将其链接起来。
> 【添加图层样式】按钮 <img> :选中准备设置的图层,单击该按钮,在弹出的下拉菜单中选择准备设置的图层样式,在弹出的【图层样式】对话框中可以设置图层的样式,例如投影、内阴影、外发光和光泽等。
> 【添加图层蒙版】按钮 <img> :选中准备添加蒙版的图层,单击该按钮可以为其添加蒙版。
> 【创建新的图层填充或调整图层】按钮 <img> :选中准备填充的图层,单击该按钮,在弹出的下拉菜单中选择准备调整的菜单项,例如纯色、渐变、色阶和曲线等。
> 【创建新组】按钮 <img> :单击该按钮,可以在【图层】面板中创建新组。
> 【创建新图层】按钮 <img> :单击该按钮,可以创建一个透明图层。
> 【删除图层】按钮 <img> :选中准备删除的图层,单击该按钮即可将当前选中的图层删除。

 教你一招

面 板 菜 单

【图层】面板中的许多按钮功能,也可以通过在面板菜单中选择相应的菜单项来实现。在【图层】面板中单击【面板】按钮 <img> ,在弹出的下拉菜单中即可显示出面板菜单,执行相应的命令。

7.1.3　图层的类型

图层包括多种类型,不同类型的图层有不同的功能和用途,在【图层】面板中显示图层的状态也不同,如图7-3所示。

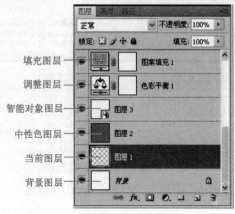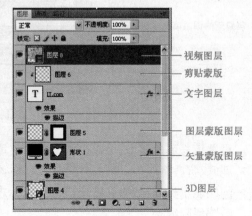

图 7-3　图层的类型

> 背景图层:在新建文档时,默认创建的图层位于【图层】面板的最下方,图层名称为"背景"。
> 当前图层:当前正在进行处理的图层,在编辑图像时,必须将当前编辑对象的图层设置为当前图层。
> 中性色图层:填充中性色的特殊图层,可在该图层中绘画,并结合了特定的混合模式。
> 智能对象图层:包含智能对象的图层,可以对该图层进行统一的调整。
> 调整图层:可以对图像的色彩进行调整,不会永久地改变图像的像素值。
> 填充图层:可以对图层填充单色、图案或渐变等,从而创建带有特殊效果的图层。
> 3D图层:包含3D文件的图层,可以是由 Adobe Acrobat 3D Version 8 和 3D Studio Max 等程序创建的文件。
> 矢量蒙版图层:带有矢量形状的蒙版图层。
> 图层蒙版图层:为图层添加图层蒙版的图层,并控制图层中图像的显示范围。
> 文字图层:使用文字工具创建文字的图层。
> 剪贴蒙版:蒙版的一种,可以控制图像的显示范围。
> 视频图层:包含视频帧的图层。

Section
7.2　创建图层

本节导读

如果准备对图像进行编辑,例如填充图案、添加图像和渐变填充等,需要先创建图层,本节介绍在【图层】面板中创建图层、使用【新建图层】命令创建图层、创建背景图层和转换背景图层的方法。

7.2.1 在【图层】面板中创建图层

在 Photoshop CS4 的【图层】面板中可以创建新的图层，下面介绍具体的方法，如图 7-4 与图 7-5 所示。

图 7-4

01 单击【新建图层】按钮

No1 在 Photoshop CS4 中展开【图层】面板。

No2 单击【新建图层】按钮 。

图 7-5

02 完成新建图层

通过以上方法即可完成在【图层】面板中新建图层的操作。

7.2.2 用【新建图层】命令创建图层

在【图层】面板中单击【面板】按钮 ，在弹出的下拉菜单中选择【新建图层】菜单项也可以新建图层，下面介绍具体的方法，如图 7-6 ~ 图 7-8 所示。

图 7-6

01 选择【新建图层】菜单项

No1 在【图层】面板中单击【面板】按钮 。

No2 在弹出的下拉菜单中选择【新建图层】菜单项。

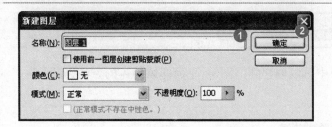

图 7-7

02 新建图层

No1 系统弹出【新建图层】对话框，在【名称】文本框中输入新建图层名称。

No2 单击【确定】按钮 确定 。

图 7-8

03 完成新建图层

通过以上方法即可完成新建图层的操作。

 教你一招

使用组合键新建图层

按下组合键〈Ctrl〉+〈Shift〉+〈N〉也可以弹出【新建图层】对话框，单击【确定】按钮 确定 即可新建图层。

7.2.3 创建背景图层

默认情况下，新建一个文件自动创建一个背景图层，也可以将【图层】面板中最底层的图层设置为背景图层，下面介绍具体的方法，如图 7-9 与图 7-10 所示。

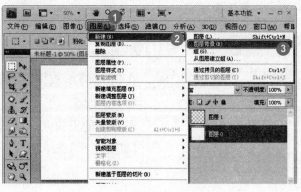

图 7-9

01 选择【图层背景】菜单项

No1 选择【图层】菜单项。

No2 选择【新建】菜单项。

No3 选择【图层背景】菜单项。

图 7-10

02 **完成新建图层**

通过以上方法即可完成新建背景图层的操作。

7.2.4　转换背景图层

背景图层无法调整混合模式和不透明度等,需要将其转换为普通图层,下面介绍具体的方法,如图 7-11 ~ 图 7-13 所示。

图 7-11

01 **选择【背景图层】菜单项**

No.1　鼠标右键单击背景图层。

No.2　在弹出的快捷菜单中选择【背景图层】菜单项。

图 7-12

02 **单击【确定】按钮**

No.1　系统弹出【新建图层】对话框。

No.2　单击【确定】按钮。

图 7-13

03 **完成转换图层**

通过以上方法即可完成转换背景图层的操作,默认名称为图层 0。

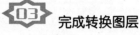

7.3 编辑图层

本节导读

编辑图层包括选择图层、复制图层、隐藏与显示图层、锁定图层、删除图层与栅格化图层等，掌握编辑图层的方法可以快速地在图层中切换、编辑图像，本节介绍编辑图层的方法。

7.3.1 选择图层

如果准备对某一个图层进行操作，需要先将图层选中，下面介绍选择图层的方法，如图 7-14 与图 7-15 所示。

图 7-14

01 单击选择的图层

No1 在 Photoshop CS4 中展开【图层】面板。

No2 将鼠标指针定位在准备选择的图层，单击该图层。

图 7-15

02 完成选择图层

通过以上方法即可完成选择图层的操作。

7.3.2 复制图层

如果准备对同一个对象设置不同的效果，可以将当前图层进行复制，下面介绍复制图层的方法,如图7-16~图7-18所示。

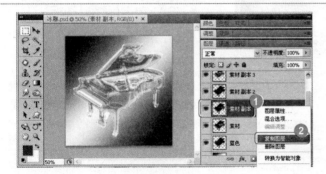

图7-16

01 **选择【复制图层】菜单项**

No1　鼠标右键单击准备复制的
　　　图层。

No2　在弹出的快捷菜单中选择
　　　【复制图层】菜单项。

图7-17

02 **单击【确定】按钮**

No1　系统弹出【复制图层】对话
　　　框,在【为】文本框中输入
　　　准备命名的名称。

No2　单击【确定】按钮 确定 。

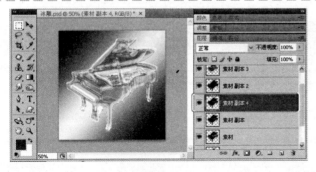

图7-18

03 **完成复制图层**

　　通过以上方法即可完成复制
图层的操作。

 教你一招

复 制 图 层

　　选择准备复制的图层,单击并拖动该图层至【新建图层】按钮 上,即可复制
该图层。

7.3.3　隐藏与显示图层

　　如果不准备编辑某个图层,并且该图层影响对其他图层的编辑操作,可以将其隐藏,在准
备编辑时再将其显示,下面介绍具体的方法,如图7-19~图7-21所示。

图 7-19

01 单击【眼睛】图标

No1 在 Photoshop CS4 中展开【图层】面板。

No2 将鼠标指针定位在准备隐藏图层的前方,单击【眼睛】图标。

图 7-20

02 完成隐藏图层

No1 通过以上方法即可完成隐藏图层的操作。

No2 再次单击隐藏图层前的空白位置。

图 7-21

03 完成显示图层

通过以上方法即可完成显示图层的操作。

7.3.4 锁定图层

在锁定区域中提供了 4 种锁定的功能,分别为锁定透明像素、锁定图像像素、锁定位置和锁定全部,可以将图层中的对象锁定,如图 7-22 所示。

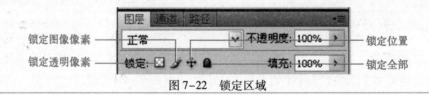

图 7-22 锁定区域

➤ 【锁定透明像素】按钮 ：在【图层】面板中单击该按钮，可以将当前图层中的透明区域保护起来，对图像的编辑仅限于不透明的区域。

➤ 【锁定图像像素】按钮 ：在【图层】面板中单击该按钮，仅可以对图层进行移动和变换操作，而不可以对图层进行绘制等操作。

➤ 【锁定位置】按钮 ：在【图层】面板中单击该按钮，将不能对图层的位置进行调整。

➤ 【锁定全部】按钮 ：在【图层】面板中单击该按钮，可以将图层上的任何元素都锁定。

7.3.5 删除图层

如果不准备使用某个图层，可以将该图层删除，以免影响对图像的编辑，下面介绍删除图层的方法，如图 7-23 ~ 图 7-25 所示。

图 7-23

01 单击【删除图层】按钮

No1 在【图层】面板中选择准备删除的图层。

No2 单击【删除图层】按钮 。

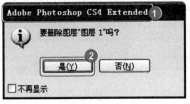

图 7-24

02 单击【是】按钮

No1 系统弹出【Adobe Photoshop CS4 Extended】对话框。

No2 单击【是】按钮 。

 教你一招

删 除 图 层

选择准备删除的图层，单击并拖动该图层至【删除图层】按钮 上，即可删除该图层。

图 7-25

03 完成删除图层

通过以上方法即可完成删除图层的操作。

7.3.6 栅格化图层

如果准备对文字、形状或矢量蒙版等包含矢量数据的图层进行填充或滤镜等操作,需要将其转换为光栅图像后进行编辑,下面介绍具体的方法,如图7-26与图7-27所示。

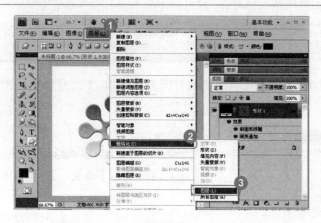

图 7-26

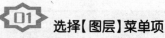 选择【图层】菜单项

No1 选中图层,在 Photoshop CS4
菜单栏中选择【图层】主菜单。

No2 在弹出的下拉菜单中选择【栅格化】菜单项。

No3 在弹出的子菜单中选择【图层】菜单项。

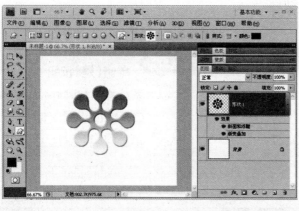

图 7-27

 完成栅格化图层

通过以上方法即可完成栅格化图层的操作。

举一反三

进行栅格化的文字图层,该图层中的文字内容将不能进行修改。

Section
7.4 排列与分布图层

本节导读

在【图层】面板中可以对图层的顺序、对齐方式和分布方式等进行重新排列操作,本节介绍有关排列与分布图层的方法。

7.4.1 调整图层的堆叠顺序

在【图层】面板中可以更改图层的堆叠顺序,将位于底层的图层移动到最上方,下面介绍具体的方法,如图7-28与图7-29所示。

图7-28

01 单击并拖动图层

No1 在 Photoshop CS4 中展开【图层】面板。

No2 单击并向上拖动准备移动的图层,到达目标位置释放鼠标左键。

图7-29

02 完成调整图层的堆叠顺序

通过以上方法即可完成调整图层堆叠顺序的操作。

举一反三

选中图层,按下组合键〈Ctrl〉+〈Shift〉+〈]〉可以将图层置为顶层。

7.4.2 对齐图层

对齐图层包括顶边对齐、垂直居中、底边对齐、左边对齐、水平居中和右边对齐等,可以将图层中的元素按照一定的方式排列,下面介绍具体的方法,如图7-30与图7-31所示。

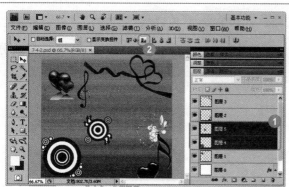

图7-30

01 单击【底对齐】按钮

No1 在【图层】面板中选中准备对齐的图层。

No2 在移动工具选项栏中单击【底对齐】按钮。

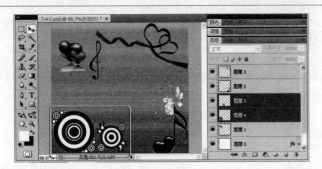

图 7-31

02 完成对齐操作

　　通过以上方法即可完成图层对齐的操作。

7.4.3　分布图层

　　3 个或 3 个以上的图层链接后，可以执行分布图层的操作，下面介绍分布图层的具体方法，如图 7-32 与图 7-33 所示。

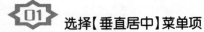

图 7-32

01 选择【垂直居中】菜单项

No1　选中准备分布的图层。

No2　在 Photoshop CS4 菜单栏中选择【图层】主菜单。

No3　在弹出的下拉菜单中选择【分布】菜单项。

No4　在弹出的子菜单中选择【垂直居中】菜单项。

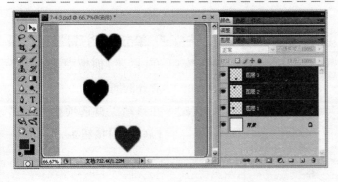

图 7-33

02 完成分布图层的操作

　　通过以上方法即可完成分布图层的操作。

合并与盖印图层

完成对图像的编辑操作后，可以将进行操作的所有图层合并，使【图层】面板变得整洁，或将所有图层都拼合到背景图层中，本节介绍合并与盖印图层的方法。

7.5.1 合并图层

合并图层是将两个或两个以上选中的图层合并为一个图层，下面介绍在 Photoshop CS4 中合并图层的方法，如图 7-34 与图 7-35 所示。

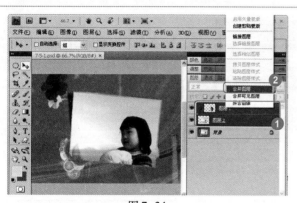

图 7-34

 选择【合并图层】菜单项

No.1 在【图层】面板中用鼠标右键单击准备合并的图层。

No.2 在弹出的快捷菜单中选择【合并图层】菜单项。

 教你一招

使用组合键合并图层

在【图层】面板中选中准备合并的图层后，按下组合键〈Ctrl〉+〈E〉即可将选中图层合并为一个图层。

图 7-35

02 完成合并图层

通过以上方法即可完成合并图层的操作。

7.5.2 拼合图像

拼合图像是将所有图层都合并到背景图层中,如果存在隐藏的图层,将会弹出对话框提示是否删除隐藏的图层,下面介绍具体的方法,如图7-36与图7-37所示。

图 7-36

01 选择【拼合图像】菜单项

No1 在【图层】面板中用鼠标右键单击一个图层。

No2 在弹出的快捷菜单中选择【拼合图像】菜单项。

图 7-37

02 完成拼合图像

通过以上方法即可完成拼合图像的操作。

7.5.3 盖印图层

盖印图层是特殊的合并图层,该方法可以将多个图层中的内容合并到一个图层中,而且保留原图层,下面介绍盖印图层的方法,如图7-38与图7-39所示。

图 7-38

01 按下盖印图层的组合键

在【图层】面板中选中任意图层后,按下创建盖印图层的组合键〈Ctrl〉+〈Shift〉+〈Alt〉+〈E〉。

图 7-39

教你一招

盖印多个图层

在【图层】面板中选中准备盖印的多个图层，按下组合键〈Ctrl〉+〈Alt〉+〈E〉，可以创建一个包含选中图层内容的新图层。

02 完成创建盖印图层

通过以上方法即可完成创建盖印图层的操作，系统将自动创建一个包含所有内容的新图层。

Section
7.6 用图层组管理图层

本节导读

如果【图层】面板中包含多个相似的图层，可以将其编制在一个组中，以方便查找和管理。本节介绍从选择的图层创建图层组、将图层移出或移入图层组和取消图层编组的方法。

7.6.1 从选择的图层创建图层组

如果准备将多个图层创建在一个组中，需要先将这些图层选中，下面介绍从选择的图层创建图层组的方法，如图 7-40 与图 7-41 所示。

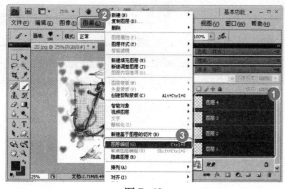

图 7-40

01 选择【图层编组】菜单项

No1 在【图层】面板中选中准备进行编辑操作的图层。

No2 在 Photoshop CS4 菜单栏中选择【图层】主菜单。

No3 在弹出的下拉菜单中选择【图层编组】菜单项。

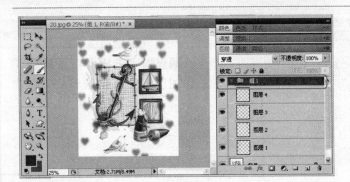

图 7-41

02 完成图层编组

完成图层编组操作,将【组】目录展开即可查看已编组的图层。

7.6.2　将图层移出或移入图层组

如果不准备将图层编制到一个组中,可以将其移出该图层组,在需要时再将其移入图层组中,下面介绍具体的方法,如图 7-42 ~ 图 7-44 所示。

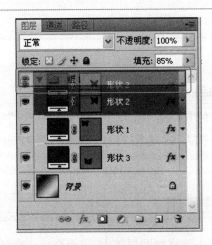

图 7-42

01 单击并拖动图层

在【图层】面板中单击并拖动准备移出的图层,移至组外的任意位置,到达目标位置后,释放鼠标左键。

图 7-43

02 再次单击并拖动图层

通过以上方法即可将图层移出组外。单击并拖动准备移入的图层至组中,到达目标位置后,释放鼠标左键。

图 7-44

7.6.3 取消图层编组

如果准备重新编组或取消编组,可以进行取消图层编组的操作,下面介绍具体的方法,如图 7-45 与图 7-46 所示。

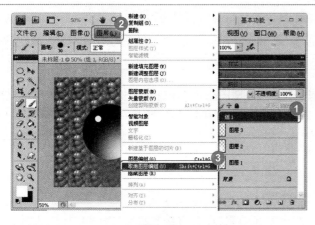

图 7-45

01 选择【图层编组】菜单项

No1 在【图层】面板中选中已编制的组。

No2 在 Photoshop CS4 菜单栏中选择【图层】主菜单。

No3 在弹出的下拉菜单中选择【取消图层编组】菜单项。

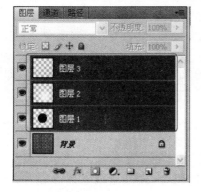

图 7-46

02 完成取消编组

通过以上方法即可完成取消图层编组的操作。

 举一反三

按下组合键〈Ctrl〉+〈Shift〉+〈G〉也可以取消编组。

图层样式

7.7.1 投影

投影是指在图层内容中添加阴影，与光照的位置相反，使图层中的内容产生立体感。在【图层】面板中单击【添加图层样式】按钮 *fx.*，在弹出的下拉菜单中选择【投影】菜单项即可弹出【图层样式】对话框，选中【投影】复选框进行设置，包括混合模式、投影颜色、不透明度、角度、使用全局光、距离、大小、扩展、等高线、消除锯齿、杂色和用图层挖空投影等。

7.7.2 内阴影

内阴影是指可以在图层内容的边缘添加阴影，使图层中的内容产生凹陷感，设置方法与投影相同，包括混合模式、内阴影颜色、不透明度、角度、使用全局光、距离、阻塞、大小、等高线、消除锯齿和杂色等。

7.7.3 外发光

外发光是指沿着图层内容边缘向外产生发光效果，设置方法与投影方法相同，包括混合模式、不透明度、杂色、方法、扩展、大小、等高线、范围和抖动等。

7.7.4 内发光

内发光是指沿图层内容边缘向内创建发光的效果，与外发光相比，内发光增加了源和阻塞选项。

7.7.5 斜面和浮雕

斜面和浮雕是可以对图层添加高光与阴影的组合，使其呈现立体浮雕感，包括样式、方法、深度、方向、大小、软化、角度、高度、光泽等高线、高光模式、不透明度、阴影模式和不透明度等。

7.7.6 光泽

光泽是指添加光滑的内部阴影,可以创建金属表面的光泽外观,通过在等高线中设置不同的选项,改变图层内容的光泽效果。

7.7.7 颜色叠加、渐变叠加和图案叠加

颜色叠加是指在图层中叠加指定的颜色,在图层内容中产生叠加效果;渐变叠加是指在图层上叠加渐变颜色;图案叠加是指在图层内容上叠加图案。

7.7.8 描边

描边是指在图层内容的边缘描画对象轮廓,包括大小、位置、混合模式、不透明度、填充类型、颜色、角度和缩放等。

Section 7.8 编辑图层样式

在 Photoshop CS4 中编辑图层样式包括隐藏与显示样式、修改样式参数和复制与删除样式等,本节介绍编辑图层样式的操作方法。

7.8.1 隐藏与显示图层样式

如果准备对图层设置其他样式,可以将先前设置的样式隐藏,在设置结束后再将其显示,下面介绍具体的方法,如图 7-47 ~ 图 7-49 所示。

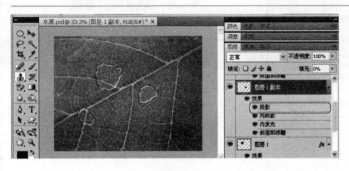

图 7-47

01 单击【眼睛】图标

在【图层】面板中单击准备隐藏样式前的【眼睛】图标。

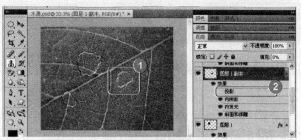

图 7-48

02 完成隐藏样式

No1 通过以上方法即可完成隐藏样式的操作。

No2 在【图层】面板中单击准备显示的样式。

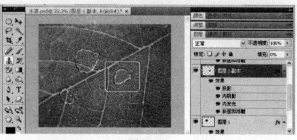

图 7-49

03 完成显示样式

通过以上方法即可完成显示样式的操作。

7.8.2 修改图层样式参数

设置样式后,可以在后期对样式的参数进行修改,以达到更加完美的效果,下面介绍具体的方法,如图 7-50 ~ 图 7-52 所示。

图 7-50

01 双击样式选项

在【图层】面板中双击准备修改的样式选项。

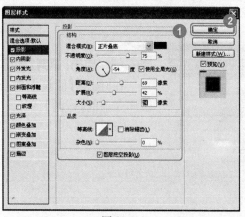

图 7-51

02 修改样式参数

No1 系统弹出【图层样式】对话框,默认选中准备修改的样式选项,在参数区域中修改图层的样式。

No2 单击【确定】按钮 确定 。

图 7-52

03 完成修改样式

通过以上方法即可完成修改图层样式的操作。

应用【样式】面板

本节导读

【样式】面板用来保存、管理和应用图层样式，在 Photoshop CS4 中提供了许多样式，也可以将自己制作的样式存储到【样式】面板中，本节介绍应用【样式】面板的方法。

7.9.1 了解【样式】面板

在 Photoshop CS4 的【样式】面板中提供了许多预设样式，将这些样式应用到相应的图层中，可以美化图层中的内容。在【样式】面板中提供了【清除样式】按钮 ⊘、【新建样式】按钮 ⬛ 和【删除样式】按钮 🗑 等，如图 7-53 所示。

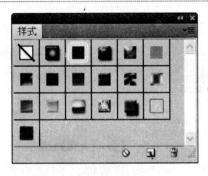

图 7-53 【样式】面板

7.9.2 新建样式

如果使用图层样式设置了一个图层,可以将这些样式进行新建操作,在【样式】面板中显示,以便再次应用,下面介绍具体的方法,如图 7-54 ~ 图 7-56 所示。

图 7-54

01 单击【新建样式】按钮

No1 在【图层】面板中选择准备创建样式的图层。

No2 在【样式】面板中单击【新建样式】按钮 。

图 7-55

02 新建样式

No1 在【名称】文本框中输入样式名称。

No2 单击【确定】按钮 。

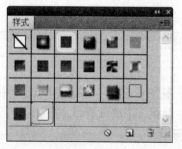

图 7-56

03 完成新建样式

通过以上方法即可完成新建样式的操作。

Section
7.10 实践案例

本节导读

本章以"载入样式库"和"将图层样式创建为图层"为例,练习对图层操作的方法。

7.10.1 载入样式库

如果在网络上下载了许多样式库，可以将其载入到【样式】面板中，下面介绍具体的方法，如图 7-57 ~ 图 7-59 所示。

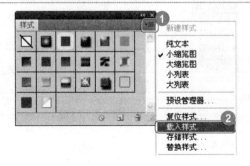

图 7-57

01 选择【载入样式】菜单项

No1 在【样式】面板中单击【面板】按钮。

No2 在弹出的下拉菜单中选择【载入样式】菜单项。

图 7-58

02 载入样式库

No1 系统弹出【载入】对话框，选择准备载入的样式。

No2 单击【载入】按钮。

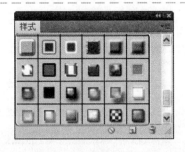

图 7-59

03 完成载入样式库

通过以上方法即可完成载入样式库的操作。

7.10.2 将图层样式创建为图层

如果准备对图层样式进行滤镜等编辑，需要先将其创建为图层，下面介绍将图层样式创建为图层的方法，如图 7-60 与图 7-61 所示。

素材文件	配套素材\第 7 章\素材文件\7-10-2. PSD
效果文件	配套素材\第 7 章\效果文件\7-10-2. PSD

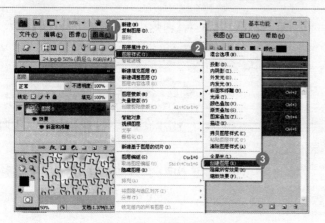

图 7-60

01 选择【创建图层】菜单项

No1 在 Photoshop CS4 菜单栏中选择【图层】主菜单。

No2 在弹出的下拉菜单中选择【图层样式】菜单项。

No3 在弹出的子菜单中选择【创建图层】菜单项。

图 7-61

02 完成创建图层

通过以上方法即可完成将图层样式创建为图层的操作。

 读书笔记

第 8 章

矢量工具与路径技术

本章内容导读

本章介绍了有关矢量工具与路径技术的方法,包括了解路径与锚点、创建路径与形状、调整路径与形状和路径的编辑与管理,最后以"对齐和分布路径组件"和"绘制精美相框"为例,练习使用矢量工具与路径技术的方法。

本章知识要点

☑ 了解路径与锚点
☑ 创建路径与形状
☑ 调整路径和形状
☑ 路径的编辑和管理

Section
8.1　了解路径与锚点

本节导读

使用矢量工具前，应先了解路径与锚点的知识，以便更好地使用矢量工具。使用路径与锚点可以将图像中的内容抠出，本节介绍有关路径与锚点的知识。

8.1.1　路径

路径是可以转换成选区并可以对其填充和描边的轮廓，包括开放式路径和闭合式路径两种，其中，开放式路径是有起点和终点的路径；闭合式路径是没有起点和终点的路径。如果一个路径由多个相互独立的路径组成，这些路径称为子路径，如图8-1所示。

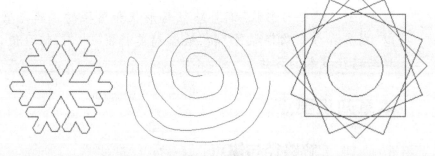

图8-1　路径

8.1.2　锚点

锚点是组成路径的单位，包括平滑点和角点两种，其中，平滑点可以通过连接形成平滑的曲线；角点可以通过连接形成直线或转角的曲线，曲线路径上锚点有方向线，该线的端点是方向点，可以调整曲线的形状，如图8-2所示。

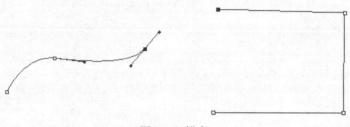

图8-2　锚点

8.2 创建路径和形状

本节导读

在 Photoshop CS4 中使用钢笔和形状等矢量工具可以创建不同的路径，使用路径绘图后，会在【路径】面板中显示创建的路径。使用形状工具绘制图形后，会在【图层】面板中添加一个矢量蒙版。本节介绍有关创建路径与形状的方法。

8.2.1 钢笔工具组

【钢笔】工具组中包括【钢笔】工具、【自由钢笔】工具和【磁性钢笔】工具等，下面进行具体介绍。

1. 钢笔工具选项栏

在钢笔工具选项栏中包括【形状图层】按钮、【路径】按钮、【填充像素】按钮、【钢笔】工具、【自由钢笔】工具、【矩形工具】按钮、【圆角矩形工具】按钮、【椭圆工具】按钮、【多边形工具】按钮、【直线工具】按钮、【自定形状工具】按钮、【自动添加/删除】复选框、运算区域等，如图8-3所示。

图 8-3　钢笔工具选项栏

> ➤ 【形状图层】按钮：单击该按钮后，可以在新的图形中创建形状，包括填充区域和形状组成，其中填充区域可以设置形状的颜色、图案和不透明度等，形状为矢量蒙版，可以设置图像显示与隐藏区域等。
> ➤ 【路径】按钮：单击该按钮后，可以在当前图层中绘制路径，并将该路径转换为选区，如果创建了矢量蒙版，也可以进行填充等操作。
> ➤ 【填充像素】按钮：单击该按钮后，可以在当前图层中绘制栅格化图形，并使用前景色填充图像，在【路径】面板中不显示创建的路径。
> ➤ 【钢笔】工具：可以将当前定义为【钢笔】工具。
> ➤ 【自由钢笔】工具：可以将当前定义为【自由钢笔】工具。
> ➤ 运算区域：运算方法与选框工具选项栏相同。

2. 钢笔工具

使用【钢笔】工具可以绘制各种形状，在 Photoshop CS4 工具箱中选择【钢笔】工具后，在工作区中单击确定第一个点,在第二个点位置单击并拖动鼠标确定图形的形状,按照同样的方法继续绘制即可使用钢笔工具,如图8-4所示。

3. 自由钢笔工具

选择【自由钢笔】工具后,可以绘制任意图形,使用方法与【套索】工具相似,在工作区域中单击并拖动即可使用该工具绘制图形,在自由钢笔工具选项栏中选中【磁性的】复选框,该工具将转换为【磁性钢笔】工具,功能与【磁性套索】工具相似,如图8-5所示。

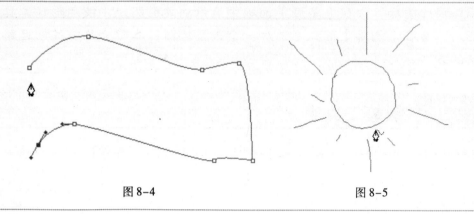

图8-4   图8-5

8.2.2　形状工具组

【形状】工具组包括【矩形】工具、【圆角矩形】工具、【椭圆】工具、【多边形】工具、【直线】工具和【自定形状】工具等。

1. 矩形工具

【矩形】工具可以用来绘制矩形与正方形,选择该工具后,在工作区中单击并拖动鼠标即可绘制矩形,在绘制的同时,在键盘上按住〈Shift〉键,单击并拖动鼠标即可绘制正方形,如图8-6所示。

2. 圆角矩形工具

【圆角矩形】工具可以在圆角矩形工具选项栏中设置圆角的半径值,单击并拖动鼠标绘制圆角矩形,如图8-7所示。

图8-6   图8-7

3. 椭圆工具

选择【椭圆】工具后,可以在工作区中单击并拖动鼠标绘制椭圆,在键盘上按住〈Shift〉键的同时进行绘制,可以绘制为圆形,如图8-8所示。

4. 多边形工具

选择【多边形】工具后,可以在多边形工具选项栏中设置绘制边的数量,然后绘制图形,也可以为其应用样式,如图8-9所示。

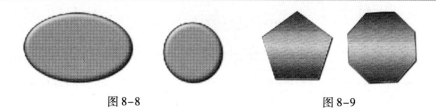

图8-8　　　　　　　　　　　　　图8-9

5. 直线工具

选择【直线】工具后,可以创建带有箭头的直线与不带箭头的直线,在工作区中单击并拖动鼠标即可创建直线,在键盘上按住〈Shift〉键的同时进行绘制直线的操作,即可绘制水平、垂直或45°角的直线,可以在直线工具选项栏中设置直线的粗细,如图8-10所示。

6. 自定形状工具

选择【自定形状】工具后,可以在自定形状工具选项栏中选择准备应用的形状,在工作区域中单击并拖动鼠标即可绘制该形状,也可以将喜欢的图案等保存为自定义形状,如图8-11所示。

图8-10　　　　　　　　　　　　　图8-11

<table>
<tr><td>Section</td></tr>
<tr><td>8.3</td></tr>
</table>

调整路径和形状

本节导读

使用矢量工具绘制路径与形状后,可以对其进行调整,以便更加准确地绘制路径与形状,也可以使用运算路径绘制更复杂的图形,本节介绍调整路径与形状的知识。

8.3.1 调整路径形状

绘制图形后,可以使用【直接选择】工具或【转换点】工具对图形的形状进行调整,下面介绍具体的方法,如图 8-12 与图 8-13 所示。

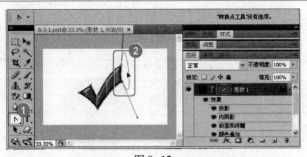
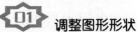

图 8-12

01 调整图形形状

No1 在 Photoshop CS4 工具箱中选择【转换点】工具。

No2 在准备调整的图形上单击,并在边缘上拖动,到达目标位置后释放鼠标左键。

图 8-13

02 完成调整路径

通过以上方法即可完成使用【转换点】工具调整路径形状的操作。

8.3.2 路径的运算

路径的运算包括添加到形状区域、从形状区域减去、交叉形状选区和重叠形状区域除外,下面进行具体介绍。

1. 添加到形状区域

在工作区中绘制路径后,在工具选项栏中单击【添加到形状区域】按钮,即可将绘制的图形添加到已绘制的图形中,如图 8-14 所示。

图 8-14 添加到形状区域

2. 从形状区域减去

在工作区中绘制路径后,在工具选项栏中单击【从形状区域减去】按钮,即可将绘制的图形从已有图形中减去,如图 8-15 所示。

图 8-15 从形状区域减去

3. 交叉形状选区

在工作区中绘制路径后,在工具选项栏中单击【交叉形状选区】按钮,即可得到绘制图形与已有图形的交集图形,如图 8-16 所示。

图 8-16 交叉形状选区

4. 重叠形状区域除外

在工作区中绘制路径后,在工具选项栏中单击【重叠形状区域除外】按钮,即可将新绘制的图形与已存在的图形重叠的区域排除,仅保留非重叠区域,如图 8-17 所示。

图 8-17 重叠形状区域除外

8.3.3 路径的变换操作

路径的变换操作与变换图形的方法相同,在【路径】面板中选择准备变换的路径后,在

Photoshop CS4 菜单栏中选择【编辑】主菜单,在弹出的下拉菜单中选择【变换路径】菜单项,在弹出的子菜单中可以选择准备进行的操作菜单项,例如,缩放、旋转、扭曲和斜切等。

Section

8.4　路径的编辑和管理

本节导读

如果准备对路径进行编辑和管理,需要在【路径】面板中进行,例如,将路径作为选区载入、使用画笔描边路径、新建路径和删除路径等,本节介绍编辑和管理路径的知识。

8.4.1　了解【路径】面板

在【路径】面板中显示图像中的所有路径,包括存储的路径、矢量蒙版名称和缩览图等,还有一些对路径进行操作的按钮,如图 8-18 所示。

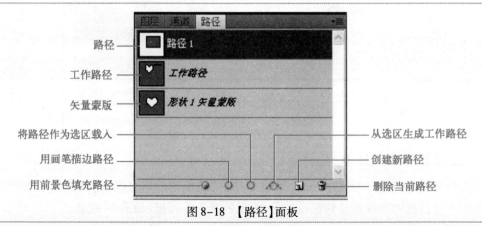

图 8-18　【路径】面板

- ➢ 路径/工作路径/矢量蒙版:可以显示当前图像中所包含的路径和矢量蒙版等。
- ➢【用前景色填充路径】按钮 ⬤ :单击该按钮可以使用当前的前景色填充路径区域。
- ➢【用画笔描边路径】按钮 ⬤ :单击该按钮可以使用当前设置的画笔进行描边操作。
- ➢【将路径作为选区载入】按钮 ⬤ :单击该按钮可以将当前的路径转换为选区。
- ➢【从选区生成工作路径】按钮 ⬤ :单击该按钮可以将当前图像中的选区转换为路径。
- ➢【创建新路径】按钮 ⬤ :单击该按钮可以新建一个路径。
- ➢【删除当前路径】按钮 ⬤ :单击该按钮可以删除当前的路径。

8.4.2　选区和路径的相互转换

在【路径】面板中可以将当前图像中的路径转换为选区,也可以将当前图像中的选区转换为路径,下面介绍具体的方法,如图 8-19 ~ 图 8-21 所示。

图 8-19

01　将选区转换为路径

No1　在图像中创建选区。

No2　展开【路径】面板。

No3　单击【从选区生成工作路径】按钮 ◯◯◯。

图 8-20

02　将路径转换为选区

No1　在【路径】面板中即可查看创建的工作路径。

No2　单击【将路径作为选区载入】按钮 ◯。

图 8-21

03　完成互相转换

通过以上方法即可完成将选区与路径互相转换的操作。

举一反三

选中工作路径,按下组合键 〈Ctrl〉+〈D〉即可将工作路径转换为选区。

8.4.3　描边路径

在 Photoshop CS4 中可以使用当前设置的铅笔、画笔、橡皮擦、仿制图章、修复画笔、涂抹和加深等工具对路径进行描边操作,下面介绍具体的方法,如图 8-22 ~ 图 8-24 所示。

图 8-22

01 选择【描边路径】菜单项

No1 使用【钢笔】工具绘制准备描边的路径。

No2 鼠标右键单击描边的路径。

No3 在弹出的快捷菜单中选择【描边路径】菜单项。

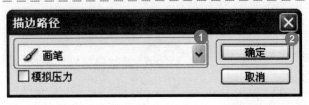

图 8-23

02 选择描边方式

No1 系统弹出【描边路径】对话框,选择准备描边的方式。

No2 单击【确定】按钮

图 8-24

03 完成描边路径

通过以上方法即可完成描边路径的操作。

举一反三

在【描边路径】对话框中选中【模拟压力】复选框,进行描边操作后,描边的线条会产生粗细变化。

 教你一招

设置描边方式

如果确定使用一个方式描边,可以先设置描边方式,如画笔,应对画笔方式进行设置。

8.4.4 删除路径

如果不准备使用工作路径,可以在【路径】面板中将其删除,下面介绍在 Photoshop CS4 中删除路径的操作,如图 8-25 ~ 图 8-27 所示。

图 8-25

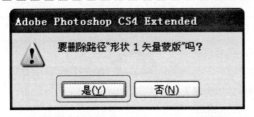

图 8-26

图 8-27

Section
8.5　实践案例

本章以"对齐和分布路径组件"和"绘制精美相框"为例，练习使用矢量工具与路径的方法。

8.5.1　对齐和分布路径组件

在 Photoshop CS4 中，可以使用【路径】选择工具选择多个路径，并将其进行对齐与分布，下面介绍具体的方法，如图 8-28 ~ 图 8-30 所示。

素材文件	配套素材\第 8 章\素材文件\8-5-1. PSD
效果文件	配套素材\第 8 章\效果文件\8-5-2. PSD

01 单击【删除路径】按钮

No1 在 Photoshop CS4 中选中准备删除的路径。

No2 单击【删除路径】按钮 。

02 单击【是】按钮

系统弹出【Adobe Photoshop CS4 Extended】对话框，单击【是】按钮 是(Y) 。

03 完成删除路径

通过以上方法即可完成删除路径的操作。

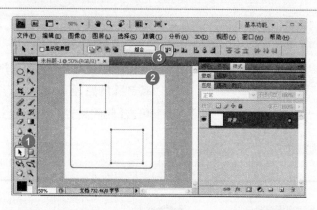

图 8-28

01 单击【顶边】按钮

No1 在 Photoshop CS4 工具箱中选择【路径选择】工具。

No2 在工作区中选中准备对齐与分布的路径。

No3 在路径选择工具选项栏中单击【顶边】按钮 。

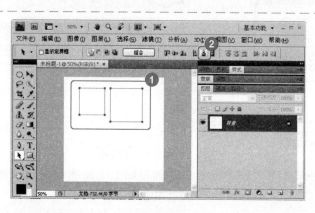

图 8-29

02 单击【水平居中】按钮

No1 通过以上方法即可完成对齐路径的操作。

No2 在路径选择工具选项栏中单击【水平居中】按钮 。

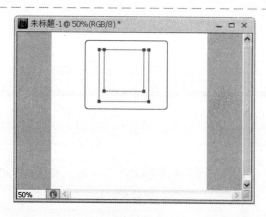

图 8-30

03 完成对齐与分布路径操作

通过以上方法即可完成对齐与分布路径的操作。

 举一反三

按下〈Shift〉键的同时,使用【路径选择】工具可同时选中多个路径。

8.5.2 绘制精美相框

使用 Photoshop CS4 中的【钢笔】工具可以绘制相框,使用【画笔】工具可以进行描边路径的操作,下面介绍具体的方法,如图 8-31 ~ 图 8-36 所示。

素材文件　配套素材\第8章\素材文件\8-5-2.PNG
效果文件　配套素材\第8章\效果文件\8-5-2.PSD

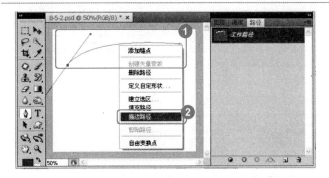
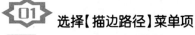

图 8-31

01 选择【描边路径】菜单项

No1 在 Photoshop CS4 中选择描边的画笔并进行设置,使用【钢笔】工具绘制描边路径。

No2 鼠标右键单击该路径,在弹出的快捷菜单中选择【描边路径】菜单项。

图 8-32

02 单击【是】按钮

No1 系统弹出【描边路径】对话框,选中【模拟压力】复选框。

No2 单击【确定】按钮　确定　。

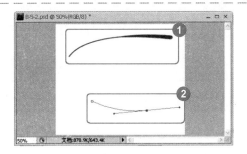

图 8-33

03 重复上述操作

No1 通过以上方法即可绘制相框的一条边。

No2 重复上述操作,绘制相框的下边框。

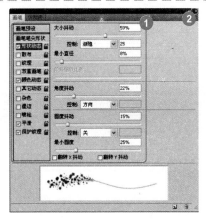

图 8-34

04 设置描边画笔

No1 选择准备描边的另一个画笔,按下〈F5〉键,调出【画笔】面板,对描边画笔进行设置。

No2 单击【关闭】按钮。

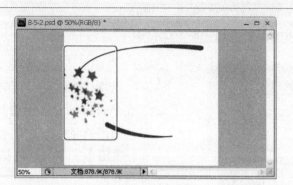

图 8-35

05 描边左边框

在工作区中使用【钢笔】工具绘制相框的左边框,使用非模拟压力方式对该边框进行描边操作。

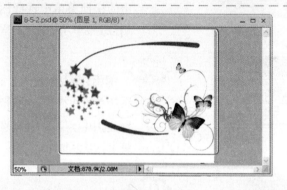

图 8-36

06 插入图片

将自己喜欢的图片移动到该文件中,使用自由变换命令调整图片的大小与位置,作为相框的右边框。通过以上方法即可完成绘制相框的操作。

读书笔记

第 9 章
蒙版与通道技术

本章内容导读

本章介绍了有关蒙版与通道技术的知识，包括蒙版、矢量蒙版、图层蒙版、快速蒙版、通道的分类、创建与编辑通道和通道计算，最后以"为矢量蒙版图层添加样式"和"创建剪贴蒙版"为例，练习了使用蒙版与通道技术的方法。

本章知识要点

☑ 蒙版
☑ 矢量蒙版
☑ 图层蒙版
☑ 快速蒙版
☑ 通道的分类
☑ 创建与编辑通道
☑ 通道计算

蒙版

本节导读

　　蒙版具有控制图像曝光区域的功能，使用蒙版可以将不需要的图像隐藏，但并不删除该图像，并在需要时将其显示出来，它是一种非破坏性的编辑方式，本节介绍有关蒙版的知识。

9.1.1　了解蒙版

　　使用蒙版可以将多张图像合成为一张图像，同时不破坏原图像的内容，在 Photoshop CS4 中，蒙版包括矢量蒙版、图层蒙版与剪贴蒙版，如图9-1 所示。

图9-1　蒙版

9.1.2　【蒙版】面板

　　【蒙版】面板可以用于调整不透明度和羽化范围等，在【蒙版】面板中可以对滤镜蒙版、图层蒙版和矢量蒙版进行调整，如图9-2 所示。

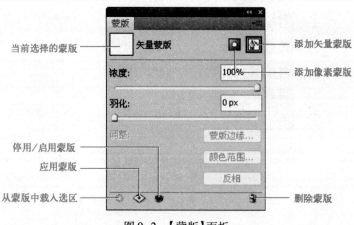

图9-2　【蒙版】面板

> 当前选择的蒙版：显示【图层】面板中的蒙版类型，如果【图层】面板中为矢量蒙版，则

【当前选择的蒙版】区域中显示矢量蒙版。

➤ 【添加矢量蒙版】按钮▣:单击该按钮可以为图层添加矢量蒙版。

➤ 【添加像素蒙版】按钮▣:单击该按钮可以为图层添加像素蒙版。

➤ 【浓度】滑块:单击并拖动该滑块可以控制蒙版的不透明度。

➤ 【羽化】滑块:单击并拖动该滑块可以控制蒙版边缘的柔化程度。

➤ 【从蒙版中载入选区】按钮 ▣:单击该按钮可以将蒙版中包含的选区载入。

➤ 【应用蒙版】按钮 ◆:单击该按钮可以将蒙版应用到图像中,使得遮盖区变为透明区域。

➤ 【停用/启用蒙版】按钮 ◉:单击该按钮可以将当前的蒙版停用,再次单击该按钮即可启用蒙版。

➤ 【删除蒙版】按钮 🗑:选择准备删除的蒙版,单击该按钮即可将当前的蒙版删除。

Section 9.2 矢量蒙版

本节导读

矢量蒙版是由【钢笔】工具或【形状】工具创建的蒙版,该蒙版可以通过路径与矢量图形控制图形的显示区域,并可以任意编辑,本节介绍有关矢量蒙版的知识。

9.2.1 创建矢量蒙版

在 Photoshop CS4 中可以使用【钢笔】工具或【形状】工具创建工作路径,并转换为矢量蒙版,下面介绍具体的方法,如图9-3~图9-5所示。

图9-3

01 选择准备创建的图形

No1 在 Photoshop CS4 工具箱中选择【自定形状】工具。

No2 在形状工具选项栏中单击【路径】按钮▣。

No3 单击【形状】按钮右侧的下拉箭头·。

No4 在弹出的下拉面板中选择准备应用的图形。

 教你一招

使用快捷键转换矢量蒙版

绘制路径图形后,按住〈Ctrl〉键的同时,在【图层】面板中单击【添加图层蒙版】按钮 ▣ 也可以创建矢量蒙版。

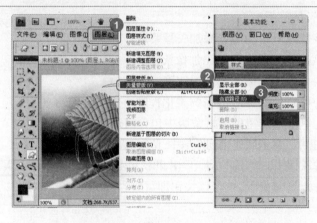

图 9-4

02 **选择【当前路径】菜单项**

No1 在 Photoshop CS4 菜单栏中
选择【图层】主菜单。

No2 在弹出的下拉菜单中选择
【矢量蒙版】菜单项。

No3 在弹出的子菜单中选择【当
前路径】菜单项。

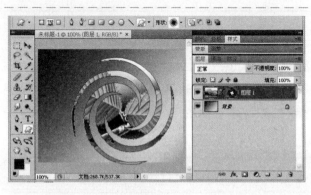

图 9-5

03 **完成创建矢量蒙版**

通过以上方法即可完成创建
矢量蒙版的操作。

9.2.2 向矢量蒙版中添加形状

创建矢量蒙版后，可以继续编辑蒙版，下面介绍向矢量蒙版中添加形状的方法，如图 9-6
与图 9-7 所示。

图 9-6

01 **选择准备添加的图形**

No1 在 Photoshop CS4 工具箱中
选择【自定形状】工具。

No2 在形状工具选项栏中单击
【路径】按钮。

No3 单击【形状】按钮右侧的下
拉箭头。

No4 选择准备应用的图形。

图 9-7

02 **完成添加图形**

通过以上方法即可完成添加图形的操作。

举一反三

在形状工具选项栏中单击【从选区中减去】按钮，在矢量蒙版中绘制图形即可减少矢量蒙版的区域。

9.2.3 编辑矢量蒙版中的图形

添加矢量蒙版后，可以配合【路径选择】工具与自由变换命令等对其进行编辑，下面介绍具体的方法，如图 9-8 与图 9-9 所示。

图 9-8

01 **选择准备编辑的图形**

No1 在 Photoshop CS4 工具箱中选择【路径选择】工具。

No2 在矢量蒙版中选择准备编辑的路径，对其进行自由变换操作，调整其角度。

图 9-9

02 **完成编辑矢量蒙版图形**

通过以上方法即可完成编辑矢量蒙版图形的操作。

举一反三

如果不准备使用矢量蒙版，可以用鼠标右键单击该蒙版，在弹出的快捷菜单中选择【删除矢量蒙版】菜单项。

9.2.4 将矢量蒙版转换为图层蒙版

如果准备使用图层蒙版对图层进行编辑,可以将矢量蒙版转换为图层蒙版,下面介绍具体的方法,如图9-10与图9-11所示。

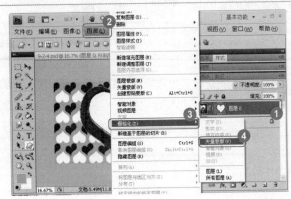

图 9-10

01 选择【矢量蒙版】菜单项

No1 在【图层】面板中选择矢量蒙版图层。

No2 在 Photoshop CS4 菜单栏中选择【图层】主菜单。

No3 在弹出的下拉菜单中选择【栅格化】菜单项。

No4 在弹出的子菜单中选择【矢量蒙版】菜单项。

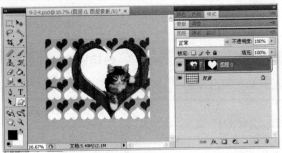

图 9-11

02 完成转换蒙版

通过以上方法即可完成将矢量蒙版转换为图层蒙版的操作。

Section 9.3

图层蒙版

本节导镜

图层蒙版可以理解为在当前图层上面覆盖一层玻璃片,这种玻璃片有透明的和黑色不透明,前者显示全部,后者隐藏部分。 使用图层蒙版可以进行合成图像的操作,在对图层进行调整或应用滤镜时自动添加图层蒙版,本节介绍有关图层蒙版的知识。

9.3.1 创建图层蒙版

使用图层蒙版可以将图像进行合成,蒙版中的白色区域可以遮盖下方图层中的内容,黑色区域可以遮盖当前图层中的内容,下面介绍具体的方法,如图 9-12 ~ 图 9-14 所示。

01 单击【添加图层蒙版】按钮

No1 在【图层】面板中选择准备添加图层蒙版的图层。

No2 在【图层】面板底部单击【添加图层蒙版】按钮 🔘。

图 9-12

02 添加渐变填充

No1 在当前图层右侧添加了一个图层蒙版,在 Photoshop CS4 工具箱中选择【渐变】工具。

No2 设置渐变方式,在蒙版中添加渐变填充。

图 9-13

03 完成添加蒙版

通过以上方法即可完成添加图层蒙版的操作。

图 9-14

9.3.2 从选区中创建图层蒙版

在 Photoshop CS4 中可以将选区中的内容创建为蒙版,并快速进行更换背景的操作,下面介绍具体的方法,如图 9-15 与图 9-16 所示。

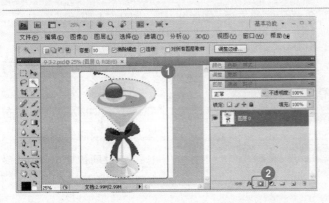

图 9-15

01 单击【添加图层蒙版】按钮

No1 在工作区中选中准备添加蒙版的选区。

No2 在【图层】面板底部单击【添加图层蒙版】按钮 ▣ 。

图 9-16

02 完成从选区创建蒙版的操作

通过以上方法即可完成从选区创建蒙版的操作,可以为图像更换背景。

9.3.3 停用图层蒙版

停用图层蒙版是将当前创建的蒙版暂停使用,显示出图层堆叠的状态,在需要时启用图层蒙版,下面介绍具体的方法,如图 9-17 与图 9-18 所示。

图 9-17

01 选择【停用图层蒙版】菜单项

No1 鼠标右键单击准备停用的蒙版。

No2 在弹出的快捷菜单中选择【停用图层蒙版】菜单项。

图 9-18

02 完成停用图层蒙版

通过以上方法即可完成停用图层蒙版的操作。

举一反三

再次用鼠标右键单击停用的图层蒙版，在弹出的快捷菜单中选择【启用图层蒙版】菜单项即可重新启用图层蒙版。

9.3.4　删除图层蒙版

删除图层蒙版可以将当前蒙版对图像进行的处理效果删除，还原图像，下面介绍删除图层蒙版的方法，如图 9-19 与图 9-20 所示。

图 9-19

01 选择【删除图层蒙版】菜单项

No1　在【图层】面板中鼠标右键单击图层蒙版。

No2　在弹出的快捷菜单中选择【删除图层蒙版】菜单项。

图 9-20

02 完成删除图层蒙版

通过以上方法即可完成删除图层蒙版的操作。

举一反三

选中蒙版，单击【删除】按钮，在弹出的对话框中单击【删除】按钮 也可以删除图层蒙版。

9.3.5 取消图层与蒙版的链接

图层与蒙版之间是链接的,在进行变换操作时对图层与图层蒙版一起产生效果,如果需要单独编辑某一项,可以将两者的链接取消,下面介绍具体的方法,如图9-21与图9-22所示。

图 9-21

01 单击链接按钮

在【图层】面板中单击准备取消的【指示图层蒙版链接到图层】按钮。

图 9-22

02 完成取消链接

通过以上方法即可完成取消图层与图层蒙版链接的操作,可单独对图层或图层蒙版进行编辑。

9.3.6 复制与转移蒙版

如果准备将一个图层中的蒙版应用到其他图层中,可以将蒙版复制或转移,下面介绍具体的方法,如图9-23～图9-25所示。

图 9-23

01 单击并拖动至目标图层

在【图层】面板中单击并拖动准备转移的蒙版至目标图层,到达目标位置后释放鼠标左键。

图 9-24

02 复制图层蒙版

No1 通过以上方法即可完成转移图层蒙版的操作。

No2 在键盘上按住〈Alt〉键的同时,单击并拖动至目标图层,到达目标位置后释放鼠标左键。

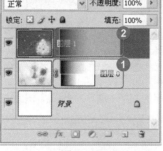

图 9-25

03 完成复制图层蒙版

通过以上方法即可完成复制图层蒙版的操作。

教你一招

反向转移蒙版中的颜色

在【图层】面板中选中准备转移的蒙版后,按住〈Shift〉键的同时,单击并拖动图层蒙版,到达目标位置后释放鼠标左键,即可将图层蒙版中的颜色反向转移到目标图层。

Section
9.4 快速蒙版

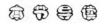
本节导读

快速蒙版是用来创建和编辑选区的蒙版,在快速蒙版状态时,可以使用滤镜和 Photoshop CS4 中的工具对其进行编辑,是较为灵活的选区编辑功能,本节介绍有关快速蒙版的知识。

9.4.1 创建快速蒙版

创建快速蒙版后,可以对选区进行编辑,使用白色画笔涂抹蒙版,可以扩大选区,使用黑色画笔涂抹蒙版,可以减小选区,下面介绍创建快速蒙版的方法,如图 9-26 与图 9-27 所示。

图 9-26

01 **单击【快速蒙版】按钮**

No1 在 Photoshop CS4 工作区中
创建选区。

No2 在 Photoshop CS4 工具箱中
单击【快速蒙版】按钮 。

图 9-27

02 **完成创建快速蒙版**
通过以上方法即可完成创建
快速蒙版的操作。

9.4.2 关闭快速蒙版

如果在快速蒙版中涂抹选区后，关闭快速蒙版后，可以在 Photoshop CS4 工作区中创建一个新的选区，下面介绍关闭快速蒙版的方法，如图 9-28 与图 9-29 所示。

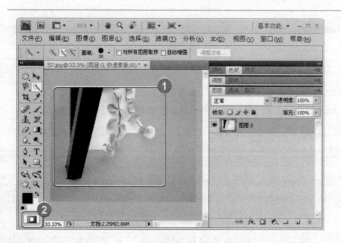

图 9-28

01 **单击【快速蒙版】按钮**

No1 在 Photoshop CS4 工作区中
使用快速蒙版创建选区，

No2 在 Photoshop CS4 工具箱中
单击【快速蒙版】按钮 。

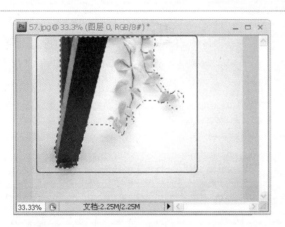

图 9-29

 完成关闭快速蒙版

通过以上方法即可完成关闭快速蒙版的操作。

举一反三

选择【选择】主菜单,在弹出的下拉菜单中选择【在快速蒙版模式下编辑】菜单项也可以进入快速蒙版状态。

9.4.3 设置快速蒙版选项

默认情况下,快速蒙版为透明度 50% 的红色,可以根据绘制图形的需要设置快速蒙版选项,下面介绍具体的方法,如图 9-30 ~ 图 9-32 所示。

图 9-30

双击【快速蒙版】按钮

在 Photoshop CS4 工具箱中双击【快速蒙版】按钮 。

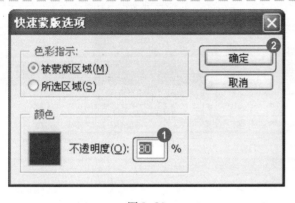

图 9-31

设置快速蒙版选项

No1 系统弹出【快速蒙版选项】对话框,在【不透明度】文本框中输入准备设置的数值。

No2 单击【确定】按钮。

图 9-32

03 完成设置快速蒙版选项

通过以上方法即可完成设置快速蒙版选项的操作。

Section
9.5 通道的分类

本节导读

通道包括颜色通道、Alpha 通道和专色通道 3 种类型，不同的通道有不同的用途，用于编辑不同模式的图像，本节介绍有关通道的知识。

9.5.1 颜色通道

在 Photoshop CS4 中打开图像时，将自动在【通道】面板中创建通道,用于记录图像的颜色信息,不同颜色模式的图像,颜色通道的种类和数量也不同,下面进行具体介绍。

1. RGB 通道与 CMYK 通道

RGB 图像颜色通道包括红、绿、蓝和用于编辑图像的复合通道,如图 9-33 所示;CMYK 图像颜色通道包括青色、洋红、黄色、黑色和复合通道,如图 9-34 所示。

图 9-33

图 9-34

2. Lab 通道和其他通道

Lab 图像通道包括明度、a、b 和复合通道,如图 9-35 所示;位图、灰度、双色调和索引颜色图像只包含一个通道,如图 9-36 所示。

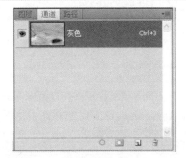

图 9-35 图 9-36

9.5.2 Alpha 通道

Alpha 通道可以用来保存选区,将选区存储为灰度图像,而不影响图像的颜色。在该通道中,白色为选中的区域,黑色为未选中区域,灰色为部分选中的区域,也称羽化区域,在该通道中可以使用画笔等工具涂抹选区,如图 9-37 所示。

图 9-37 Alpha 通道

9.5.3 专色通道

专色通道是用于存储专色的通道,可以用于替代或补充印刷色的特殊预混油墨,例如荧光油墨和金属质感的油墨,专色通道是以专色的名称来命名的。

9.6 创建与编辑通道

本节导读

在 Photoshop 中使用通道前需创建一个通道,然后可以对通道进行复制、删除、分离与合并,以及载入通道选区等操作。本节介绍创建与编辑通道的方法。

9.6.1 创建通道

在【通道】面板中可以直接创建通道,也可以将图像中的选区转换为 Alpha 通道,下面介绍具体的方法,如图 9-38 与图 9-39 所示。

图 9-38

01 单击【将选区存储为通道】按钮

No.1 在 Photoshop CS4 工作区中创建 Alpha 通道的选区。

No.2 在【通道】面板中单击【将选区存储为通道】按钮 ⬛ 。

图 9-39

02 完成创建 Alpha 通道

通过以上方法即可完成在【通道】面板中创建 Alpha 通道的操作。

9.6.2 复制通道

在抠取图像时,有时需要使用通道抠图,在对比明显的通道中抠取图像,这时需要将通道复制,以免影响原图像的效果,下面介绍具体的方法,如图 9-40 ~ 图 9-42 所示。

图 9-40

01 选择【复制通道】菜单项

No.1 在【通道】面板中用鼠标右键单击准备复制的通道。

No.2 在弹出的快捷菜单中选择【复制通道】菜单项。

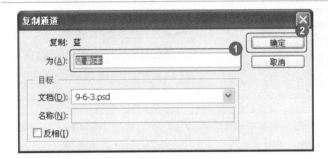

图 9-41

02 单击【确定】按钮

No1 系统弹出【复制通道】对话框,在【为】文本框中默认通道名称。

No2 单击【确定】按钮 确定 。

图 9-42

03 完成复制通道

通过以上方法即可完成复制通道的操作。

教你一招

单击并拖动复制通道

在【通道】面板中选中准备复制的通道,单击并拖动至【新建通道】按钮 上,释放鼠标左键即可复制通道。

9.6.3 删除通道

不需要通道时可以将通道删除,以免占用系统资源,下面介绍在【通道】面板中删除通道的方法,如图 9-43 与图 9-44 所示。

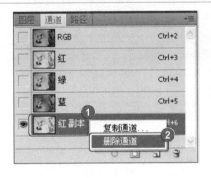

图 9-43

01 选择【删除通道】菜单项

No1 在【通道】面板中用鼠标右键单击准备删除的通道。

No2 在弹出的快捷菜单中选择【删除通道】菜单项。

图 9-44

02 **完成删除通道**

通过以上方法即可完成在【通道】面板中删除通道的操作。

9.6.4 分离与合并通道

分离通道可以将通道分离为单独的灰度文件,合并通道可以将多个具有相同像素、尺寸并打开的灰度图像合并为一个彩色图像,下面进行具体介绍。

1. 分离通道

如果需要在不保留通道文件格式中保留单个通道信息时,可以使用分离通道,下面介绍具体的操作方法,如图 9-45 与图 9-46 所示。

图 9-45

01 **选择【分离通道】菜单项**

No1 打开准备分离通道的图像,在【通道】面板中单击【面板】按钮。

No2 在弹出的下拉菜单中选择【分离通道】菜单项。

图 9-46

02 **完成分离通道**

通过以上方法即可完成分离通道的操作,在 Photoshop CS4 中分离出 3 个灰度图像。

2. 合并通道

合并通道必须在像素相同、尺寸相同的灰度图像中进行,准备合并的图像必须为打开状态,下面介绍合并通道的方法,如图9-47~图9-50所示。

图 9-47

01 选择【合并通道】菜单项

No1 打开准备合并的图像,在【通道】面板中单击【面板】按钮。

No2 在弹出的下拉菜单中选择【合并通道】菜单项。

图 9-48

02 设置图像模式

No1 在【模式】下拉列表框中选择【RGB颜色】列表项。

No2 单击【确定】按钮。

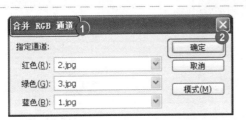

图 9-49

03 单击【确定】按钮

No1 系统弹出【合并RGB通道】对话框。

No2 单击【确定】按钮。

图 9-50

04 完成合并通道

通过以上方法即可完成在Photoshop CS4中合并通道的操作。

9.6.5 载入 Alpha 通道中的选区

Alpha 通道可以保存图像中的选区,在需要使用该选区时将选区载入到图像中,下面介绍具体的方法,如图9-51与图9-52所示。

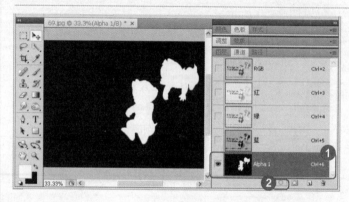

图 9-51

图 9-52

9.6.6 创建专色通道

除了位图模式以外,其余的色彩模式都可以为其建立专色通道,下面介绍创建专色通道的方法,如图 9-53 ~ 图 9-58 所示。

图 9-53

01 载入选区

No1 在【通道】面板中选择准备载入的 Alpha 通道。

No2 单击【将通道作为选区载入】按钮 ◯ 。

02 完成载入选区

No1 在【通道】面板中选择 RGB 通道。

No2 通过以上方法即可在图像中查看载入的选区。

01 选择【新建专色通道】菜单项

No1 选中准备创建专色通道的选区。

No2 在【通道】面板中单击【面板】按钮 。

No3 在弹出的下拉菜单中选择【新建专色通道】菜单项。

图 9-54

02 设置油墨特性

No 1 系统弹出【新建专色通道】对话框。

No 2 在【油墨特性】区域中单击【颜色】按钮■。

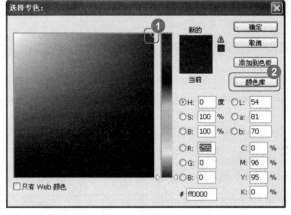

图 9-55

03 选择专色颜色

No 1 系统弹出【选择专色】对话框,在颜色区域中选择准备应用的专色颜色。

No 2 单击【颜色库】按钮 确定 。

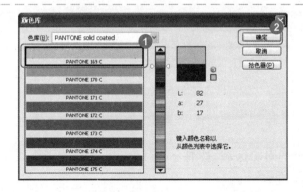

图 9-56

04 选择专色颜色

No 1 系统弹出【颜色库】对话框,选择准备应用的颜色深浅。

No 2 单击【确定】按钮 确定 。

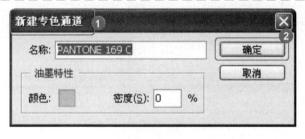

图 9-57

05 单击【确定】按钮

No 1 返回到【新建专色通道】对话框。

No 2 单击【确定】按钮 确定 。

图 9-58

06 完成创建专色通道

通过以上方法即可完成创建专色通道的操作。

举一反三

在创建专色通道时最好不改变专色的名称，否则可能无法进行打印。

Section 9.7 通道计算

本节导读

通道计算包括使用【应用图像】命令和【计算】命令，可以将两个或两个以上的图像进行通道混合，一般用于创建特殊的图像合成效果，本节介绍有关通道计算的知识。

9.7.1 使用【应用图像】命令

【应用图像】命令可以将一个图像的图层与通道同当前图像的图层与通道混合，从而合成图像，下面介绍具体的使用方法。

1. 认识【应用图像】对话框

【应用图像】对话框中包括参与混合的对象区域、被混合的对象区域和控制混合效果区域，可以设置图像的混合效果，如图 9-59 所示。

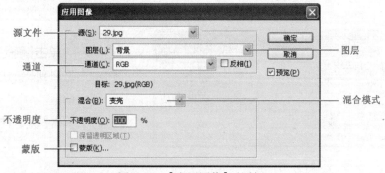

图 9-59 【应用图像】对话框

> 【源】下拉列表框:默认情况下为当前文件,可以在该下拉列表框中选择其他文件,但是准备选择的文件必须为打开状态,并且与当前文件的尺寸和分辨率相同。
> 【图层】下拉列表框:如果源文件是包含多个图层的文件,可以在该下拉列表框中选择准备参与混合的图层,如果准备与所有图层混合,可以在该下拉列表框中选择【合并图层】列表项进行混合。
> 【通道】下拉列表框:可以设置源文件中参与混合的通道,选中【反相】复选框后,可以将通道反相后再进行混合操作。
> 【混合】下拉列表框:可以设置通道与图层的混合方式。
> 【不透明度】文本框:可以设置通道与图层混合的强度,该值越小,混合强度越弱。
> 【蒙版】复选框:选中该复选框可以显示扩展面板,可以选择包含蒙版的图像与图层,如果是通道,可以选择任何颜色的通道或 Alpha 通道作为蒙版。

2. 应用【应用图像】命令

使用【应用图像】命令可以将图像的图层与通道混合,可以创建特殊的图像合成效果,下面介绍具体的操作方法,如图 9-60 ~ 图 9-62 所示。

图 9-60

01 选择【应用图像】菜单项

No1 选择准备应用图像的图层。

No2 在 Photoshop CS4 菜单栏中选择【图像】主菜单。

No3 在弹出的下拉菜单中选择【应用图像】菜单项。

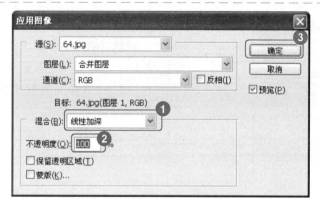

图 9-61

02 设置混合模式

No1 系统弹出【应用图像】对话框,在【混合】下拉列表框中选择准备应用的混合模式。

No2 在【不透明度】文本框中设置混合的不透明度。

No3 单击【确定】按钮 确定 。

图 9-62

03 完成应用图像

通过以上方法即可完成应用图像的操作。

举一反三

在【应用图像】对话框中选中【保留透明区域】复选框后，可以将混合范围控制在不透明区域。

9.7.2 使用【计算】命令

【计算】命令与【应用图像】命令原理相同，可以混合两个来自一个或多个源图像的单个通道，下面介绍具体的方法，如图 9-63 ~ 图 9-65 所示。

图 9-63

01 选择【计算】菜单项

No1 在 Photoshop CS4 菜单栏中选择【图像】主菜单。

No2 在弹出的下拉菜单中选择【计算】菜单项。

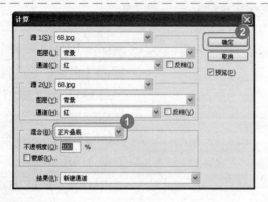

图 9-64

02 设置计算方式

No1 系统弹出【计算】对话框，在【混合】下拉列表框中选择准备混合的方式。

No2 单击【确定】按钮 确定 。

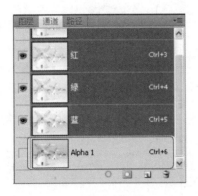

图 9-65

03 完成计算操作

通过以上方法即可完成计算操作。

举一反三

执行一次【计算】命令即可在【通道】面板中创建一个 Alpha 通道。

Section
9.8 实践操作

本节导读

本章以"为矢量蒙版图层添加样式"和"创建剪贴蒙版"为例,练习使用蒙版与通道的技术。

9.8.1 为矢量蒙版图层添加样式

在图层中添加了矢量蒙版后,也可以对其添加图层样式,下面介绍为矢量蒙版图层添加样式的方法,如图 9-66 ~ 图 9-70 所示。

素材文件	配套素材\第 9 章\素材文件\9-8-1. PSD
效果文件	配套素材\第 9 章\效果文件\9-8-1. PSD

图 9-66

01 选择【投影】菜单项

No1 创建矢量蒙版后,在【图层】面板中单击【添加图层样式】按钮 ▲。

No2 在弹出的下拉菜单中选择【投影】菜单项。

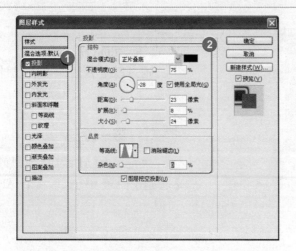

图 9-67

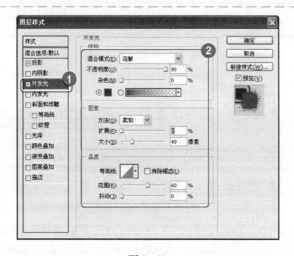

图 9-68

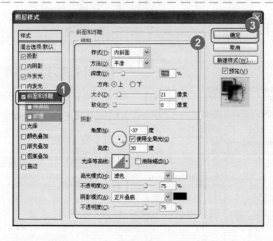

图 9-69

02 设置投影选项

No1 系统弹出【图层样式】对话框,在【混合选项:默认】区域中选择【投影】选项。

No2 在【投影】区域中设置投影选项。

03 设置外发光选项

No1 在【混合选项:默认】区域中选择【外发光】选项。

No2 在【外发光】区域中设置外发光选项。

04 设置斜面和浮雕选项

No1 在【混合选项:默认】区域中选择【斜面和浮雕】选项。

No2 在【斜面和浮雕】区域中设置斜面和浮雕选项。

No3 单击【确定】按钮 确定。

图 9-70

05 **完成设置矢量蒙版样式**

通过以上方法即可完成设置矢量蒙版样式的操作。

9.8.2 创建剪贴蒙版

剪贴蒙版可以使用一个形状控制其上层图像的显示范围,并且可以控制多个图层的显示区域,下面介绍创建剪贴蒙版的方法,如图 9-71 ~ 图 9-73 所示。

 素材文件 配套素材\第 9 章\素材文件\9-8-2. PSD

效果文件 配套素材\第 9 章\效果文件\9-8-2. PSD

图 9-71

01 **选择【创建剪贴蒙版】菜单项**

No1 在【图层】面板中选择准备创建剪贴蒙版的图层,将其移动到控制形状图层的上方。

No2 选择【图层】主菜单。

No3 在弹出的下拉菜单中选择【创建剪贴蒙版】菜单项。

图 9-72

02 **修改图层不透明度**

No1 在【图层】面板中显示创建的剪贴蒙版。

No2 在【不透明度】文本框中修改图层的不透明度。

图 9-73

 完成创建剪贴蒙版

通过以上方法即可完成创建剪贴蒙版的操作。

举一反三

选择准备创建剪贴蒙版的图层,按下组合键〈Ctrl〉+〈Alt〉+〈G〉即可创建剪贴蒙版。

读书笔记

第 10 章

文字的编辑

本章内容导读

本章介绍了有关文字编辑的知识,包括文字工具组、创建点文字和段落文字、格式化字符与段落和文字的高级编辑,最后以"栅格化文字"和"拼写检查"为例,练习了文字编辑的方法。

本章知识要点

☑ 文字工具组
☑ 创建点文字和段落文字
☑ 格式化字符与段落
☑ 文字的高级编辑

Section
10.1　文字工具组

本节导读

　　文字工具组包括【横排文字】工具、【直排文字】工具、【横排文字蒙版】工具和【直排文字蒙版】工具，在使用文字工具组前应先了解【文字工具】选项栏的作用，本节介绍有关文字工具组的知识。

10.1.1　【文字工具】选项栏

　　【文字工具】选项栏包括【更改文本方向】按钮、【字体】下拉列表框、【字体样式】下拉列表框、【字体大小】下拉列表框、【消除锯齿的方法】下拉列表框、【文本对齐】按钮组、【文本颜色】按钮、【创建文字变形】按钮和【显示/隐藏字符和段落面板】按钮，如图10-1所示。

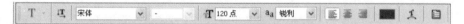

图10-1　【文字工具】选项栏

- ➢【更改文本方向】按钮：单击该按钮可以更改当前文字的方向，例如，当前文字为横排文字，可以将其更改为直排文字。
- ➢【字体】下拉列表框：选中文字，在该下拉列表框中可以设置当前文字的字体，默认情况下为宋体。
- ➢【字体样式】下拉列表框：该下拉列表框仅对部分英文字体有效，可以设置英文字体的样式，例如，Regular、Italic、Bold 和 Bold Itaic 等。
- ➢【字体大小】下拉列表框：选中文字，在该下拉列表框中可以设置当前文字的大小，例如，6 点、8 点和 12 点等。
- ➢【消除锯齿的方法】下拉列表框：选中文字，在该下拉列表框中可以设置消除文字边缘的方法，Photoshop CS4 自动填充边缘像素产生平滑的文字。
- ➢【文本对齐】按钮组：在该按钮组中包括【左对齐文本】按钮、【居中对齐文本】按钮和【右对齐文本】按钮，单击这些按钮可以设置文本的对齐方式。
- ➢【文本颜色】按钮：选中文字，单击该按钮，可以弹出【选择文本颜色】对话框，可以设置当前文本的颜色。
- ➢【创建文字变形】按钮：选中文字，单击该按钮，可以在弹出的【变形文字】对话框中设置文字的形状，例如扇形和拱形等。
- ➢【显示/隐藏字符和段落面板】按钮：单击该按钮，可以在 Photoshop CS4 中显示/隐藏【字符】与【段落】面板。

10.1.2 【横排文字蒙版】工具

使用【横排文字蒙版】工具可以创建文字选区,该选区可以进行移动、复制、填充或描边等操作,下面介绍使用【横排文字蒙版】工具的方法,如图 10-2 ~ 图 10-5 所示。

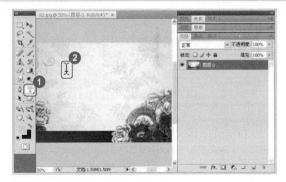

图 10-2

01 使用【横排文字蒙版】工具

No1 在 Photoshop CS4 工具箱中选择【横排文字蒙版】工具。

No2 鼠标指针变为 I 形,在工作区中单击并拖动鼠标指针绘制定界框。

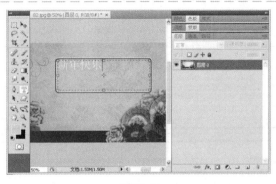

图 10-3

02 输入文字内容

在定界框中输入准备创建的选区文本,按下组合键〈Ctrl〉+〈Enter〉。

图 10-4

03 进行描边操作

在工作区中显示文字的选区,将前景色设置为红色,对选区进行描边操作。

教你一招

单击按钮结束编辑

使用【横排文字蒙版】工具输入文字后,在【文字工具】选项栏中单击【提交所有当前编辑】按钮 ✓ 也可以结束编辑。

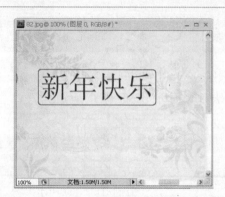

图 10-5

04 **完成使用【横排文字蒙版】工具**

通过以上方法即可完成使用【横排文字蒙版】工具的操作。

Section
10.2 创建点文字和段落文字

本节导读

在 Photoshop CS4 中，可以使用【文字】工具创建点文字和段落文字，并对其进行编辑，本节介绍使用【文字】工具创建点文字和段落文字的方法。

10.2.1 输入点文字

点文字是指一个单独的水平或垂直文本行，可以处理较少的文字，例如标题中的文本等，使用【横排文字】工具和【直排文字】工具都可以输入点文字，下面介绍使用【横排文字】工具输入点文字的方法，如图 10-6 ~ 图 10-8 所示。

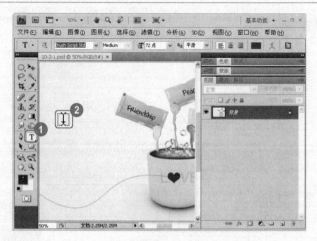

图 10-6

01 **在工作区中单击**

No1 在 Photoshop CS4 工具箱中选择【横排文字】工具。

No2 鼠标指针变为 形，在工作区中准备输入文字的位置单击。

图 10-7

02 输入文字

No1 在【文字工具】选项栏中设置准备输入文字的字体。

No2 在工作区中的插入点中输入文字,按下组合键〈Ctrl〉+〈Enter〉结束编辑。

图 10-8

03 完成创建点文字

通过以上方法即可完成创建点文字的操作。

10.2.2 编辑文字内容

创建点文字后,可以对点文字的内容进行编辑,例如,修改字体、字体大小和对齐方式等,下面介绍具体的方法,如图 10-9 ~ 图 10-11 所示。

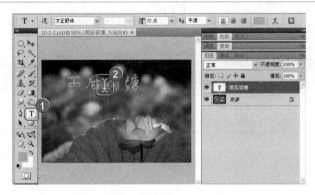

图 10-9

01 确定插入点

No1 在 Photoshop CS4 工具箱中选择【横排文字】工具。

No2 鼠标指针变为 I 形,在准备设置插入点的位置单击。

图 10-10

02 修改文字大小

No1 选中准备设置的文字。

No2 在【文字工具】选项栏中单击【文字大小】下拉列表框。

No3 在弹出的下拉列表中选择准备设置的文字大小,例如"60点"。

图 10-11

03 完成编辑点文字

通过以上方法即可完成编辑点文字的操作。

10.2.3 输入段落文字

段落文字是指在定界框中输入的文字,段落文字具有自动换行和可调文字区域大小等特点,适合输入较长的文本,下面介绍具体的方法,如图 10-12 ~ 图 10-14 所示。

图 10-12

01 创建定界框

No1 在 Photoshop CS4 工具箱中选择【横排文字】工具。

No2 鼠标指针变为工形,在工作区中单击并拖动鼠标指针至目标位置,释放鼠标左键。

图 10-13

02 输入文字

No 1　在【文字工具】选项栏中设置文字的大小。

No 2　在定界框中输入准备创建的文字,按下组合键〈Ctrl〉+〈Enter〉结束编辑。

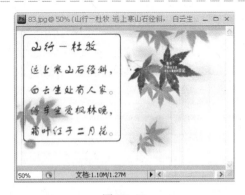

图 10-14

03 完成创建段落文字

通过以上方法即可完成在 Photoshop CS4 中创建段落文字的操作。

10.2.4　编辑段落文字

创建段落文字后,可以对段落文字进行编辑,例如,调整定界框的大小,旋转、缩放和斜切文字等,下面介绍具体的方法,如图 10-15 ~ 图 10-17 所示。

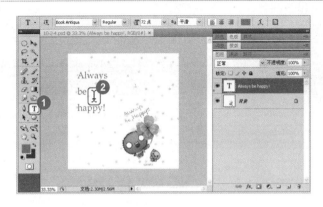

图 10-15

01 修改文字大小

No 1　在 Photoshop CS4 工具箱中选择【横排文字】工具。

No 2　鼠标指针变为 I 形,在准备设置插入点的位置单击。

图 10-16

02 **修改定界框大小**

在工作区中显示文字定界框，将鼠标指针定位在右下角的控制点上，鼠标指针变为 ⌐ 形，单击并拖动至目标位置，到达目标位置后释放鼠标左键，按下组合键〈Ctrl〉+〈Enter〉。

图 10-17

03 **完成编辑段落文字**

通过以上方法即可完成编辑段落文字的操作。

10.2.5 点文本和段落文本的相互转换

在 Photoshop CS4 中创建点文本或段落文本后，可以将其互相转换，下面介绍具体的操作方法，如图 10-18 ~ 图 10-21 所示。

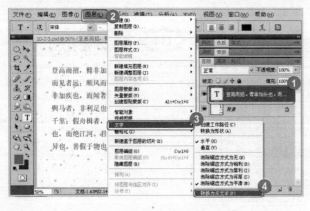

图 10-18

01 **选择【转换为点文本】菜单项**

No1 在【图层】面板中选中准备转换的文本图层。

No2 在 Photoshop CS4 菜单栏中选择【图层】主菜单。

No3 选择【文字】菜单项。

No4 选择【转换为点文本】菜单项。

图 10-19

02 完成转换点文本

使用【横排文字】工具在工作区中插入点，即可查看转换为点文字的文本。

图 10-20

03 选择【转换为段落文本】菜单项

No1 在【图层】面板中选中准备转换的文本图层。

No2 在 Photoshop CS4 菜单栏中选择【图层】主菜单。

No3 选择【文字】菜单项。

No4 选择【转换为段落文本】菜单项。

图 10-21

04 完成转换段落文本

使用【横排文字】工具在工作区中插入点，即可查看转换为段落文字的文本。

10.2.6 将文字转换为路径和形状

在 Photoshop CS4 工作区中创建文字后，可以将其转换为路径和形状进行存储和编辑，下面介绍具体的方法，如图 10-22 ~ 图 10-25 所示。

图 10-22

01 选择【创建工作路径】菜单项

No1 在【图层】面板中选中准备转换的文本图层。

No2 在 Photoshop CS4 菜单栏中选择【图层】主菜单。

No3 选择【文字】菜单项。

No4 选择【创建工作路径】菜单项。

图 10-23

02 完成转换为工作路径

No1 通过以上方法即可完成将文字转换为工作路径的操作。

No2 在 Photoshop CS4 中展开【路径】面板,即可查看转换的路径。

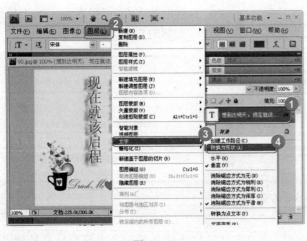

图 10-24

03 选择【转换为形状】菜单项

No1 在【图层】面板中选中准备转换的文本图层。

No2 在 Photoshop CS4 菜单栏中选择【图层】主菜单。

No3 选择【文字】菜单项。

No4 选择【转换为形状】菜单项。

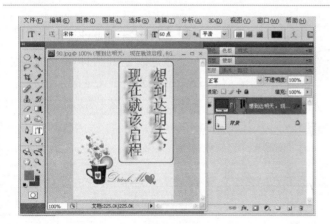

图 10-25

04 **完成转换为形状**

通过以上方法即可完成将文字转换为形状的操作。

10.2.7 转换文字的排列

转换文字的排列是指将横排文字转换为直排文字，或将直排文字转换为横排文字，下面介绍具体的方法，如图 10-26 ～ 图 10-28 所示。

图 10-26

01 **选择【垂直】菜单项**

No1	在【图层】面板中选中准备转换的文本图层。
No2	在 Photoshop CS4 菜单栏中选择【图层】主菜单。
No3	选择【文字】菜单项。
No4	选择【垂直】菜单项。

图 10-27

02 **单击【更改文本方向】按钮**

No1	通过以上方法即可完成将横排文字变为直排文字的操作。
No2	选择准备更改文本方向的图层。
No3	在【文字工具】选项栏中单击【更改文本方向】按钮。

图 10-28

03 完成更改文字方向

通过以上方法即可完成将直排文字变为横排文字的操作。

Section

10.3 格式化字符与段落

格式化字符与段落是指设置字符和段落的属性，例如，设置文字字体、大小与颜色、段落对齐、缩进和间距等，本节介绍在 Photoshop CS4 中利用【字符】和【段落】面板格式化字符与段落的方法。

10.3.1 了解【字符】面板

在【字符】面板中可以对文字进行更多的设置，例如，字体系列、字体大小、字体样式、字体颜色和消除锯齿等，如图 10-29 所示。

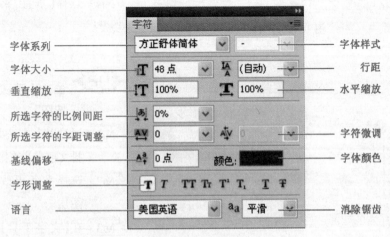

图 10-29 【字符】面板

➢ 字体系列:在该下拉列表框中可以设置文字的字体。

➢ 字体大小:在该下拉列表框中可以设置文字的字体大小。

➢ 垂直缩放/水平缩放:垂直缩放可以调整字符的高度;水平缩放可以调整字符的宽度。当两个百分比相同时,可以进行等比缩放;当两个百分比不同时,可以进行不等比缩放。

➢ 比例间距:当选择了显示亚洲字体选项时,会在【字符】面板中显示比例间距选项,可以调整字符间距的比例。

➢ 字距调整:选中文字后,在该选项中可以调整字符的间距,如果没有选择字符,在该选项中可以调整所有字符的间距。

➢ 基线偏移:在该选项中可以控制文字与基线的距离,升高或降低所选的文字。

➢ 字形调整:可以调整所选文字的字形,例如,加粗、倾斜、转换大小写和设置下画线等。

➢ 语言:选中文字后,在该下拉列表框中可以设置有关连字符和拼写规则。

➢ 字体样式:当选择了部分英文字体后,可以在该下拉列表框中设置字体的样式。

➢ 行距:选中文字后,在该下拉列表框中可以设置各个文字行之间的垂直间距,在一个段落中可以设置不同的行距。

10.3.2 设置文字的字体和大小

在 Photoshop CS4 的【字符】面板中可以快速地调整文字的字体和大小,下面介绍具体的方法,如图 10-30 ~ 图 10-32 所示。

图 10-30

01 选择应用的字体

No1 选中准备设置的文字图层。

No2 在【文字工具】选项栏中单击【显示/隐藏字符和段落面板】按钮 。

No3 单击【设置字体系列】下拉列表框右侧的下拉箭头。

No4 在弹出的下拉菜单中选择准备应用的字体。

图 10-31

02 选择应用的字体大小

No1 单击【设置字体大小】下拉列表框右侧的下拉箭头。

No2 在弹出的下拉菜单中选择准备应用的字体大小,例如"72 点"。

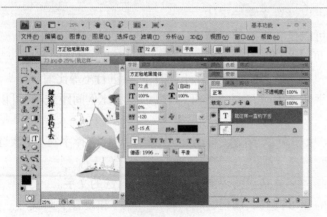

图 10-32

03 完成设置字体

通过以上方法即可完成在【字符】面板中设置文字字体和字体大小的操作。

10.3.3 设置文字的颜色

默认情况下文字的颜色为黑色,在【字符】面板中也可以设置文字的颜色,下面介绍具体的方法,如图 10-33 ~ 图 10-35 所示。

图 10-33

01 选择应用的字体

No1 选中准备设置的文字图层。

No2 在【文字工具】选项栏中单击【显示/隐藏字符和段落面板】按钮 ▤ 。

No3 单击【颜色】按钮▆▆▆▆。

图 10-34

02 设置文字颜色

No1 系统弹出【选择文本颜色】对话框,调节颜色滑块。

No2 选择准备应用的颜色。

No3 单击【确定】按钮 确定 。

图 10-35

完成设置文字颜色

　　通过以上方法即可完成利用【字符】面板设置文字颜色的方法。

10.3.4 了解【段落】面板

　　在段落文字中,末尾带有回车符的任何文字均为一段,在【段落】面板中可以设置段落的属性,例如对齐、缩进和文字间距等,如图 10-36 所示。

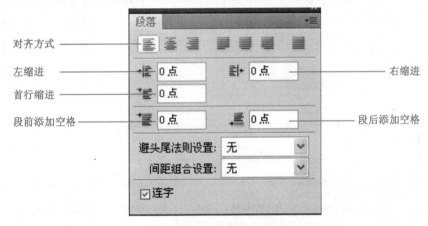

图 10-36 【段落】面板

> 对齐方式:在【段落】面板中包括【左对齐文本】按钮▣、【居中对齐文本】按钮▣、【右对齐文本】按钮▣、【最后一行左对齐】按钮▣、【最后一行居中对齐】按钮▣、【最后一行右对齐】按钮▣和【全部对齐】按钮▣,单击这些按钮,可以设置段落的对齐方式。

> 左缩进/右缩进/首行缩进:可以设置段落的缩进方式。

> 段前添加空格/段后添加空格:可以设置段与段之间的距离。

10.3.5 设置段落的对齐与缩进

　　使用【段落】面板可以对文字的段落属性进行设置,例如,调整对齐方式和缩进量等,使其更加美观,下面介绍具体的方法,如图 10-37 ~ 图 10-39 所示。

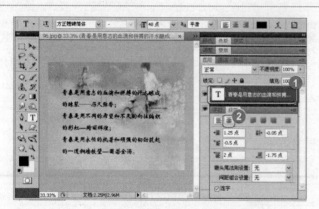

图 10-37

01 单击【居中文本对齐】按钮

No1 选中准备设置的文字图层。

No2 展开【段落】面板，单击【居中文本对齐】按钮 ▤。

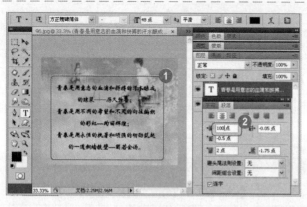

图 10-38

02 设置左缩进量

No1 通过以上方法即可完成设置段落文本对齐方式的操作。

No2 在【左缩进】文本框中输入准备设置的缩进数值，例如"100 点"，按下〈Enter〉键。

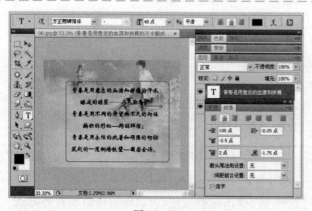

图 10-39

03 完成设置文本缩进

通过以上方法即可完成使用【段落】面板设置文本对齐方式和缩进方式的操作。

10.3.6 设置段落的间距

在【段落】面板中单击【段前添加空格】按钮 ▤ 和【段后添加空格】按钮 ▤ 可以调整段落的间距，下面介绍具体的方法，如图 10-40 与图 10-41 所示。

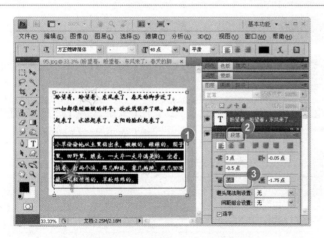

图 10-40

01 设置间距数值

No1 在工作区中选中准备进行编辑的段落文字。

No2 展开【段落】面板。

No3 在【段前添加空格】文本框中设置段前间距的数值,按下〈Enter〉键。

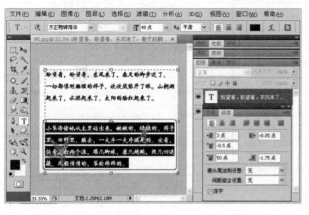

图 10-41

02 完成设置段落的间距

通过以上方法即可完成在【段落】面板中设置段落间距的操作。

Section

10.4 文字的高级编辑

本节导读

文字的高级编辑包括创建变形文字效果、沿路径创建文字和查找与替换文本等操作,可以起到美化文本的效果,本节介绍有关文字高级编辑的知识。

10.4.1 创建变形文字效果

在 Photoshop CS4 中可以对创建的文字进行处理得到变形文字,例如,拱形、波浪和鱼形等,下面介绍具体的方法,如图 10-42 ~ 图 10-44 所示。

图 10-42

01 单击【变形文字】按钮

No1 在【图层】面板中选中准备设置的文字图层。

No2 在【文字工具】选项栏中单击【变形文字】按钮。

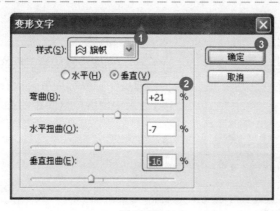

图 10-43

02 设置变形样式

No1 系统弹出【变形文字】对话框，在【样式】下拉列表框中选择准备应用的样式。

No2 设置弯曲、水平扭曲和垂直扭曲的数值。

No3 单击【确定】按钮。

图 10-44

03 完成创建变形文字

通过以上方法即可完成在 Photoshop CS4 中创建变形文字的操作。

10.4.2 沿路径创建文字

路径文字是在路径上创建的文字，在路径上创建文字，文字将会沿着路径排列，下面介绍具体的方法，如图 10-45 ~ 图 10-47 所示。

图 10-45

01 选择插入点

No1 在工作区中创建路径后,在 Photoshop CS4 工具箱中选择【横排文字】工具。

No2 将鼠标指针定位在路径上,鼠标指针变为 $\mathcal{I}$ 形,在路径上单击。

图 10-46

02 输入文字内容

在路径上显示鼠标指针处输入文字,按下组合键〈Ctrl〉+〈Enter〉。

图 10-47

03 完成在路径中创建文字

通过以上方法即可完成在路径上创建文字的操作。

10.4.3 查找和替换文本

如果准备批量更改定界框中的文本,可以使用 Photoshop CS4 自带的查找与替换功能,避免逐个更改和漏项的麻烦,下面介绍具体的方法,如图 10-48 ~ 图 10-51 所示。

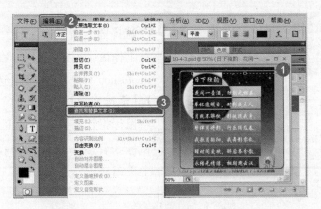

图 10-48

01 选择【查找和替换文本】菜单项

No1 选中准备查找和替换的文本。

No2 选择【编辑】主菜单。

No3 在弹出的下拉菜单中选择【查找和替换文本】菜单项。

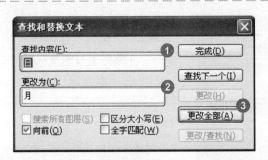

图 10-49

02 输入查找和替换内容

No1 输入准备查找的文本。

No2 输入准备替换的文本。

No3 单击【更改全部】按钮 更改全部(A)。

图 10-50

03 单击【确定】按钮

No1 系统弹出【Adobe Photoshop CS4 Extended】对话框。

No2 单击【确定】按钮 确定。

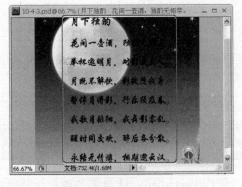

图 10-51

04 完成查找与替换文本

通过以上方法即可完成查找与替换文本的操作。

10.5 实践案例

本章介绍了有关文字编辑的知识，下面以"栅格化文字"和"拼写检查"为例，练习文字编辑的方法。

10.5.1 栅格化文字

如果准备对文字进行滤镜等操作，必须将文字进行栅格化处理，下面介绍栅格化文字的操作方法，如图 10-52 与图 10-53 所示。

素材文件	配套素材\第 10 章\素材文件\10 - 5 - 1. PSD
效果文件	配套素材\第 10 章\效果文件\10 - 5 - 1. PSD

图 10-52

01 选择【文字】菜单项

No1 选择文字图层。

No2 选择【图层】主菜单。

No3 选择【栅格化】菜单项。

No4 选择【文字】菜单项。

图 10-53

02 完成栅格化文字

通过以上方法即可完成栅格化文字的操作。

10.5.2 拼写检查

为了防止定界框中输入错误的文本，可以使用拼写检查功能进行检查，纠正错误的文本，下面介绍具体的方法，如图 10-54 ～ 图 10-57 所示。

素材文件	配套素材\第 10 章\素材文件\10 - 5 - 2. PSD
效果文件	配套素材\第 10 章\效果文件\10 - 5 - 2. PSD

图 10-54

01 选择【拼写检查】菜单项

No1 选择准备检查的文本图层后,选择【编辑】主菜单。

No2 在弹出的下拉菜单中选择【拼写检查】菜单项。

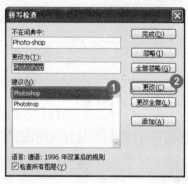

图 10-55

02 选择准备更改的文本

No1 系统弹出【拼写检查】对话框,在【建议】文本框中选择准备更改的文本。

No2 单击【更改】按钮 更改(C) 。

图 10-56

03 单击【确定】按钮

系统弹出【Adobe Photoshop CS4 Extended】对话框,单击【确定】按钮 确定 。

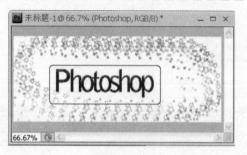

图 10-57

04 完成拼写检查

通过以上方法即可完成拼写检查的操作。

第11章

滤镜的使用技术

本章内容导读

本章介绍了有关滤镜使用技术的知识,包括滤镜的特点与使用方法、风格化滤镜组、画笔描边滤镜组、模糊滤镜组、扭曲滤镜组、锐化滤镜组、素描滤镜组、纹理滤镜组、像素化滤镜组、渲染滤镜组、艺术效果滤镜组、杂色滤镜组和其他滤镜组,最后以"制作景深效果"和"制作水波倒影效果"为例,练习了使用滤镜的方法。

本章知识要点

- ☑ 滤镜的特点与使用方法
- ☑ 风格化滤镜组
- ☑ 画笔描边滤镜组
- ☑ 模糊滤镜组
- ☑ 扭曲滤镜组
- ☑ 锐化滤镜组
- ☑ 素描滤镜组
- ☑ 纹理滤镜组
- ☑ 像素化滤镜组
- ☑ 渲染滤镜组
- ☑ 艺术效果滤镜组
- ☑ 杂色滤镜组
- ☑ 其他滤镜组

Section
11.1 滤镜的特点与使用方法

本节导读

滤镜具有使处理的图像达到特殊效果的功能，可以为图像增加艺术效果，在使用滤镜之前，应先了解一些滤镜的基础知识，本节介绍滤镜的特点和使用方法等知识。

11.1.1 了解滤镜

在 Photoshop CS4 中,滤镜是一种插件模块,通过更改像素的位置和颜色可以产生不同的特殊效果。Photoshop CS4 滤镜可以分为 3 个部分,内阙滤镜、内置滤镜和外挂滤镜,内阙滤镜是指内阙于 Photoshop CS4 程序内部的滤镜,包括 6 组 24 个滤镜;内置滤镜是默认安装时,Photoshop CS4 安装程序自动安装到 plugin 目录下的滤镜,包括 12 组 72 个滤镜;外挂滤镜也称为第三方滤镜,是除内阙滤镜和内置滤镜以外,由第三方厂商为 Photoshop CS4 所生产的滤镜,具有种类齐全,品种繁多和功能强大的特点,如图 11-1 所示。

在 Photoshop CS4【滤镜】主菜单下,包含 100 多种滤镜,其中,【滤镜库】、【液化】和【消失点】滤镜是特殊的滤镜,单独放置在菜单中,其他的滤镜根据不同的功能,放置在不同的组中,如图 11-2 所示。

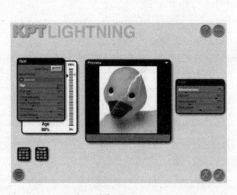

图 11-1   图 11-2

11.1.2 滤镜的使用规则

在 Photoshop CS4 中使用滤镜时,应遵循一定的规则,否则不能产生理想的效果,下面具体介绍滤镜的使用规则。

1. 图层可见性

如果准备对图层中的图像应用滤镜,该图层必须为可见图层,默认情况下,对图层应用滤镜是对图层中的全部图像进行处理,如图 11-3 所示;如果在图层中创建了选区,对图层应用滤镜是对选区中的图像进行处理,如图 11-4 所示。

图 11-3 图 11-4

2. 滤镜的使用对象

在 Photoshop CS4 中,滤镜不仅可以在图像中使用,也可以在图层蒙版、快速蒙版和通道中使用,如图 11-5 所示。

图 11-5 滤镜在通道中的应用

3. 滤镜的计算单位

在 Photoshop CS4 中,滤镜是以像素为计算单位进行处理的,如果图像的分辨率不同,对其进行同样的滤镜处理,得到的效果也会不同,如图 11-6 所示。

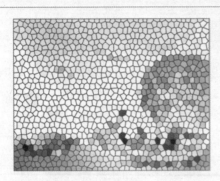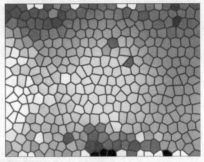

图 11-6　滤镜的计算单位

4. 滤镜的应用区域

在 Photoshop CS4 中,除云彩滤镜之外,一般滤镜都应用在包含像素的区域,否则无法使用滤镜。设置前景色与背景色后,应用云彩滤镜,将会在图层中显示云彩效果,并可多次应用,如图 11-7 所示。

5. 使用滤镜的图像模式

如果图像为 RGB 模式,可以应用 Photoshop CS4 中的全部滤镜;如果图像为 CMYK 模式,仅可以应用 Photoshop CS4 的部分滤镜;而索引模式与位图模式图像无法应用滤镜,如果准备对这类图像应用滤镜,可以将其先转换为 RGB 图像模式后再进行处理,如图 11-8 所示。

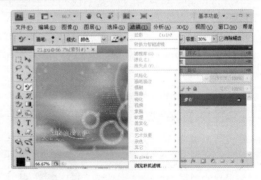

图 11-7　　　　　　　　　　　　　　　　图 11-8

11.1.3　使用滤镜库

滤镜库是整合多个滤镜的对话框,可以同时将多个滤镜应用在一个图像中,或对一个图像多次应用同一个滤镜,下面具体介绍滤镜库的知识。

1. 认识滤镜库对话框

在 Photoshop CS4 菜单栏中选择【滤镜】主菜单,在弹出的下拉菜单中选择【滤镜库】菜单项即可弹出滤镜库对话框,如图 11-9 所示。

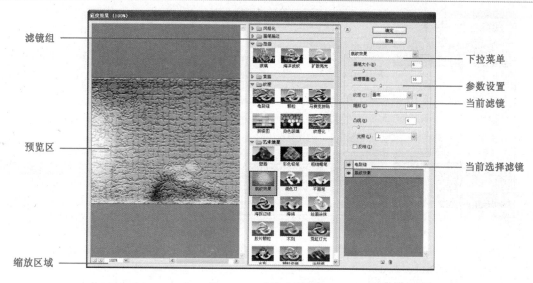

图 11-9　滤镜库对话框

- 预览区：预览区在滤镜库的最左侧，可以显示图像在应用滤镜后的效果。
- 滤镜组：在滤镜组中显示了滤镜库中包含的6组滤镜，展开一个滤镜，可以显示包含的选项并进行设置。
- 缩放区域：用于控制图像的显示范围，单击【增加】按钮◌可以加大显示区域；单击【减少】按钮◌可以减少显示区域。
- 下拉菜单：在滤镜库对话框中单击下拉菜单，在弹出的菜单中可以选择准备应用的滤镜。
- 当前滤镜：显示当前使用的滤镜。

2. 使用滤镜库

在滤镜库中可以快速地对图像应用滤镜，设置艺术效果，下面以设置"素描"滤镜为例，介绍使用滤镜库的方法，如图 11-10 ~ 图 11-12 所示。

图 11-10

01 选择【滤镜库】菜单项

No1 选中准备应用滤镜的图层后，在 Photoshop CS4 菜单栏中选择【滤镜】主菜单。

No2 在弹出的下拉菜单中选择【滤镜库】菜单项。

图 11-11

02 选择应用的滤镜

No1 系统弹出滤镜库对话框,在【滤镜组】区域中展开【素描】目录。

No2 选择准备应用的滤镜选项,例如"影印"。

No3 单击【确定】按钮 [确定]。

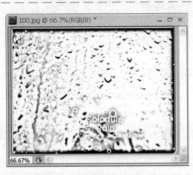

图 11-12

03 完成使用滤镜库

通过以上方法即可完成应用滤镜库的操作。

11.1.4 查看滤镜的信息

在 Photoshop CS4 中的【关于增效工具】菜单项中可以查看多种滤镜的信息,例如波浪和分层云彩等,下面介绍具体的方法,如图 11-13 与图 11-14 所示。

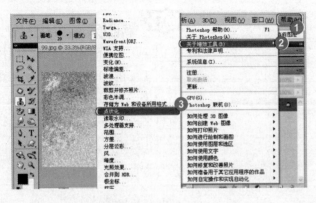

图 11-13

01 选择【点状化】菜单项

No1 在 Photoshop CS4 菜单栏中选择【帮助】主菜单。

No2 在弹出的下拉菜单中选择【关于增效工具】菜单项。

No3 在弹出的子菜单中选择【点状化】菜单项。

点状化 11.0 版

(C) 1990-2008 Adobe Systems Incorporated. 版权所有。

由 John Knoll 提供

一种 Adobe(R) Photoshop(R) 增效滤镜

模块，用于创建点状化绘图。

图 11-14

02 查看滤镜信息

通过以上方法即可查看滤镜的信息。

11.1.5 滤镜的使用技巧

在 Photoshop CS4 中使用滤镜时,可以应用一些技巧,以节省操作的时间,下面介绍一些滤镜使用的技巧。

➤ 在 Photoshop CS4 中应用一个滤镜后,在【滤镜】主菜单中的第一行将会显示滤镜的名称,选择该菜单项或按下组合键〈Ctrl〉+〈F〉即可快速应用该滤镜;如果准备对该滤镜重新调整,可以按下组合键〈Ctrl〉+〈Alt〉+〈F〉,打开滤镜对话框重新进行设置。

➤ 如果准备将滤镜对话框中的参数恢复到初始状态,可以打开滤镜对话框,按下〈Alt〉键,将【取消】按钮 取消 转换为【复位】按钮 复位 ,单击该按钮即可将数据恢复到初始状态。

➤ 使用滤镜时,如果准备终止当前滤镜,可以按下〈Esc〉键。

➤ 在滤镜对话框中的预览区域中单击并拖动图像可移动图像。

➤ 使用滤镜处理图像后,在 Photoshop CS4 主菜单中选择【编辑】→【渐隐】菜单项,可以弹出【渐隐】对话框,在该对话框中可以更改滤镜的混合模式和不透明度。

Section 11.2 风格化滤镜组

本节导读

风格化滤镜组包括查找边缘、等高线、风、浮雕效果、扩散、拼贴、曝光过度、凸出和照亮边缘等,可以对图像进行风格化处理,本节介绍使用风格化滤镜组的方法。

11.2.1 查找边缘

查找边缘滤镜可以自动查找图像中像素对比明显的边缘,将高反差区变亮,低反差区变暗,其他区域在高反差区和低反差区之间过渡,硬边将转换为线条,柔边将转换为粗线,在图像中产生清晰的轮廓,如图 11-15 所示。

图 11-15　查找边缘滤镜

11.2.2　等高线

　　等高线滤镜通过查找图像的主要亮度区,为每个颜色通道勾勒主要亮度区域的效果,以便得到与等高线颜色类似的效果。在应用等高线滤镜时,会弹出【等高线】对话框,可以设置色阶和边缘选项,调整图像描边亮度等级和图像边缘位置等,如图 11-16 所示。

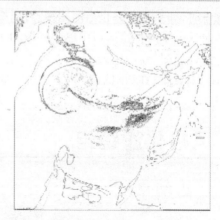

图 11-16　等高线滤镜

11.2.3　风

　　风滤镜是通过在图像中增加细小的水平线模拟风吹的效果,而且该滤镜仅在水平方向发挥作用,例如向左或向右。选择风滤镜后,会弹出【风】对话框,可以设置风的大小,例如风、大风和飓风等,如果准备对垂直方向应用风滤镜,可以将图像进行旋转后执行风滤镜操作,如图 11-17 所示。

图 11-17　风滤镜

11.2.4　浮雕效果

　　浮雕效果滤镜是通过勾画图像或选区轮廓,降低勾画图像或选区周围的色值产生凸起或凹陷的效果。应用浮雕效果滤镜后,会弹出【浮雕效果】对话框,可以在该对话框中设置浮雕的角度、高度和数量等参数,如图 11-18 所示。

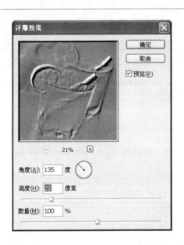
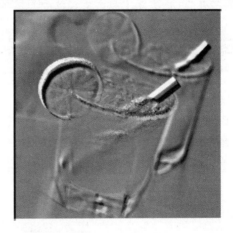

图 11-18　浮雕效果滤镜

11.2.5　扩散

　　扩散滤镜通过将图像中的相邻像素按规定的方式有机移动,例如正常、变暗优先、变亮优先和各向异性等,使得图像进行扩散,从而形成类似透过磨砂玻璃查看图像的效果。在 Photoshop CS4 中执行扩散滤镜后,将会弹出【扩散】对话框,可以对扩散的模式进行设置,如图 11-19 所示。

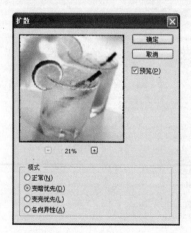 

图 11-19　扩散滤镜

扩散模式的意义

正常：将图像中的所有区域进行扩散，与图像颜色无关。

变暗优先：将图像中较暗的像素转换为较亮的像素，仅将暗部扩散。

变亮优先：将图像中较亮的像素转换为较暗的像素，仅将亮部扩散。

各向异性：将图像中颜色变化最小的区域扩散。

11.2.6　拼贴

　　拼贴滤镜可以根据设定的值将图像分成若干块，并使图像从原来的位置偏离，看起来类似由砖块拼贴成的效果。执行拼贴滤镜后，会弹出【拼贴】对话框，可以设置拼贴的数量、图像位移数值和填充空白区域的颜色，如图 11-20 所示。

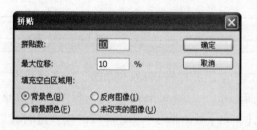

图 11-20　拼贴滤镜

11.2.7 曝光过度

曝光过度滤镜可以将正片图像与负片图像混合,执行该滤镜后,产生类似摄影技术中增强光线强度后的曝光效果,如图 11-21 所示。

图 11-21　曝光过度滤镜

11.2.8 凸出

凸出滤镜是通过设置的数值将图像分成大小相同,并重叠放置的立方体或锥体,产生 3D 效果。执行凸出滤镜后,将弹出【凸出】对话框,可以在该对话框中设置凸出的类型、大小和深度等,如图 11-22 所示。

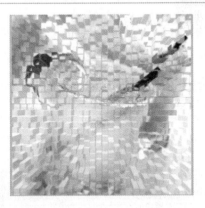

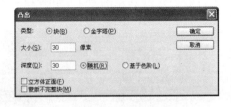

图 11-22　凸出滤镜

11.2.9 照亮边缘

照亮边缘滤镜通过在图像中搜索颜色变化较大的位置,对其进行标识,形成类似霓虹灯光的效果。执行照亮边缘滤镜后,会弹出【照亮边缘】对话框,通过设置数值可以对边缘宽度、亮度和平滑度进行调整,如图 11-23 所示。

图 11-23　照亮边缘滤镜

Section
11.3

画笔描边滤镜组

本节导读

　　画笔描边滤镜组包括成角的线条滤镜、墨水轮廓滤镜、喷溅滤镜、喷色描边滤镜、强化的边缘滤镜、深色线条滤镜、烟灰墨滤镜和阴影线滤镜等,本节介绍有关画笔描边滤镜组的知识。

11.3.1　成角的线条

　　成角的线条滤镜是通过对角描边的方式重新绘制图像,利用一个方向的线条绘制图像的亮部,再利用相反方向的线条绘制图像的暗部。执行成角的线条滤镜时会弹出【成角的线条】对话框,通过设置方向平衡、描边长度和锐化程度等数值达到满意的效果,如图 11-24 所示。

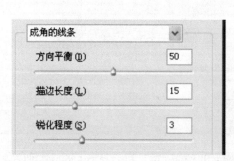

图 11-24　成角的线条滤镜

11.3.2 墨水轮廓

墨水轮廓滤镜是通过纤细的线条在图像中重新绘画,以便形成钢笔画的风格。执行墨水轮廓滤镜后,在弹出的【墨水轮廓】对话框中可以设置描边长度、深色强度和光照强度等数值,如图 11-25 所示。

图 11-25 墨水轮廓滤镜

11.3.3 喷溅

喷溅滤镜是通过模拟喷枪在图像中喷溅,使图像产生笔墨喷溅的效果。执行喷溅滤镜后,在弹出的【喷溅】对话框中可以设置喷色半径和平滑度等数值,如图 11-26 所示。

图 11-26 喷溅滤镜

11.3.4 喷色描边

喷色描边滤镜是通过图像的主导颜色,利用成角的和喷溅颜色线条绘制图像,达到斜纹飞溅的效果。执行喷色描边滤镜后,在弹出的【喷色描边】对话框中可以设置描边长度、喷色半径和描边方向等数值,如图 11-27 所示。

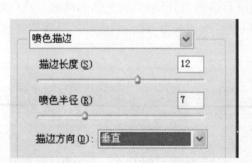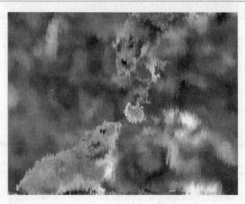

图 11-27　喷色描边滤镜

11.3.5　强化的边缘

强化的边缘滤镜是通过设置图像的亮度值对图像的边缘进行强化,如果设置高的边缘亮度值,图像会产生白色粉笔描边的效果;如果设置低的边缘亮度值,图像会产生黑色油墨描边的效果,如图 11-28 所示。

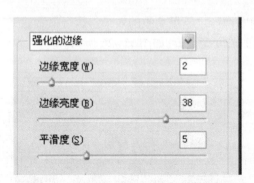

图 11-28　强化的边缘滤镜

教你一招

强化的边缘模式的意义

边缘宽度与亮度:可以设置图像边缘的宽度与亮度。

平滑度:可以设置图像边缘的平滑程度,该值越高,图像越柔和。

11.3.6　深色线条

深色线条滤镜是通过深色的紧密短线条绘制图像的暗部,白色的长线条绘制图像的亮部,在【深色线条】对话框中可以设置平衡、黑色强度和白色强度等数值,如图 11-29 所示。

图 11-29 深色线条滤镜

深色线条模式的意义

平衡:修改该值可以调节线条黑白色调的比例。

黑色强度:修改该值可以调节黑色调。

白色强度:修改该值可以调节白色调。

11.3.7 烟灰墨

烟灰墨滤镜是通过黑色的油墨在图像中创建柔和且模糊的边缘,形成类似使用油墨画笔在宣纸上绘画的效果,如图 11-30 所示。

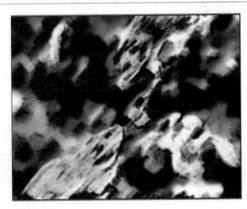

图 11-30 烟灰墨滤镜

11.3.8 阴影线

阴影线滤镜是在保留图像细节与特征的同时使用铅笔阴影线添加纹理,使得图像边缘变得粗糙,如图 11–31 所示。

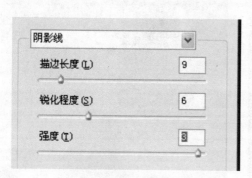

图 11–31　阴影线滤镜

11.4　模糊滤镜组

本节导读

　　模糊滤镜组包括表面模糊滤镜、动感模糊滤镜、方框模糊滤镜、高斯模糊滤镜、径向模糊滤镜、镜头模糊滤镜、平均模糊滤镜、特殊模糊滤镜和形状模糊滤镜等,本节介绍有关模糊滤镜组的知识。

11.4.1　表面模糊

　　表面模糊滤镜是在保留图像边缘时模糊图像,使用该滤镜可以创建特殊的效果,消除图像中的杂色或颗粒,如图 11–32 所示。

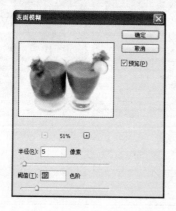

图 11–32　表面模糊滤镜

11.4.2 动感模糊

动感模糊滤镜可以通过设置模糊角度与强度,产生移动拍摄图像的效果,一般在显示速度时应用该滤镜。在【动感模糊】对话框中可以调节模糊的角度与距离,以便达到满意的效果,如图11-33所示。

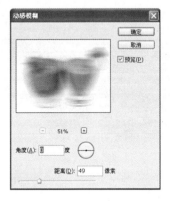

图11-33　动感模糊滤镜

教你一招

动感模糊模式的意义

角度:在该文本框中可以输入准备设置的动感模糊角度值,或调节指针调整模糊角度。

距离:在该文本框中可以输入像素移动的距离,或调节滑块调整模糊距离。

11.4.3 方框模糊

方框模糊滤镜是使用图像中相邻像素的平均颜色模糊图像,在【方框模糊】对话框中可以设置模糊的区域大小,如图11-34所示。

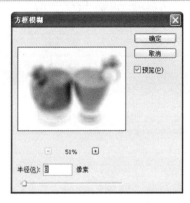

图11-34　方框模糊滤镜

11.4.4 高斯模糊

高斯模糊滤镜是通过在图像中添加一些细节,使图像产生朦胧的感觉,在【高斯模糊】对话框中可以设置模糊的半径值,如图11-35所示。

图11-35 高斯模糊滤镜

11.4.5 模糊与进一步模糊

模糊滤镜与进一步模糊滤镜都可以在具有显著变化的位置消除杂色,但模糊滤镜可以对图像边缘清晰、对比强烈的区域进行光滑处理,仅有微小的变化;进一步模糊滤镜比模糊滤镜效果明显,如图11-36所示。

图11-36 模糊滤镜与进一步模糊滤镜

11.4.6 径向模糊

径向模糊滤镜是通过模拟相机的缩放和旋转,从而产生模糊的效果。在【径向模糊】对话框中可以设置模糊的数量、模糊方法、中心模糊和品质,如图11-37所示。

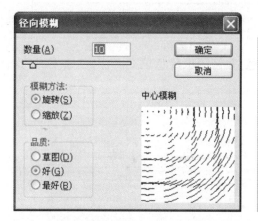

图11-37 径向模糊滤镜

 教你一招

径向模糊模式的意义

数量:在该文本框中可以设置模糊的数值,数值越大,模糊效果越强烈。

模糊方法:包括旋转与缩放两种方法,旋转是图像沿着同心圆环线产生旋转的模糊效果;缩放是图像产生放射状的模糊效果。

中心模糊:在该区域可以单击指定模糊的原点。

品质:可以设置模糊后的显示品质,例如,草图处理速度最快,但容易产生颗粒;好和最好可以产生平滑的效果。

11.4.7 镜头模糊

镜头模糊滤镜是通过图像的 Alpha 通道或图层蒙版的深度值映射图像,模拟镜头景深的模糊效果,如图11-38所示。

图11-38 镜头模糊滤镜

11.4.8 平均模糊

平均模糊滤镜是通过查找图像的平均颜色,并使用该颜色填充图像,创建平滑的图像外观,如图11-39所示。

图11-39 平均模糊滤镜

11.4.9 特殊模糊

特殊模糊滤镜是通过对半径、阈值、品质和模式等选项的设置,精确地模糊图像,如图11-40所示。

图11-40 特殊模糊滤镜

 教你一招

特殊模糊模式的意义

阈值:确定图像像素的差异后,再进行模糊处理。

模式:包括3种模式,正常模式不会添加特殊效果;仅限边缘模式,以黑色显示图像,白色描出图像边缘像素亮度变化大的区域;叠加边缘模式,仅以白色描出图像边缘像素亮度变化大的区域。

11.4.10 形状模糊

形状模糊滤镜是通过指定 Photoshop CS4 自带的模糊形状创建特殊的模糊效果，如图 11-41 所示。

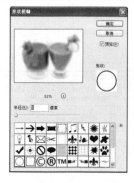

图 11-41 形状模糊滤镜

Section

11.5 扭曲滤镜组

本节导读

扭曲滤镜组包括波浪滤镜、波纹滤镜、玻璃滤镜、海洋波纹滤镜、极坐标滤镜、挤压滤镜、扩散亮光滤镜、切变滤镜、球面化滤镜、水波滤镜、旋转扭曲滤镜和置换滤镜等，本节介绍有关扭曲滤镜组的知识。

11.5.1 波浪

波浪滤镜是通过设置生成器数、波长、波幅和比例等参数，在图像中创建波浪起伏的图案，如图 11-42 所示。

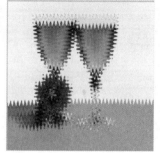

图 11-42 波浪滤镜

波浪扭曲模式的意义

生成器数：可以设置波纹效果的震源总数。

波长：设置两个相邻波峰的水平距离，包括最小波长与最大波长，最小波长不能超过最大波长。

波幅：设置最大波幅与最小波幅，最小波幅不能超过最大波幅。

比例：可以设置水平与垂直方向的波动幅度。

11.5.2　波纹

波纹滤镜与波浪滤镜大致相同，但其仅可以控制波纹的数量和波纹的大小，比波浪滤镜可以设置的选项少，如图 11-43 所示。

图 11-43　波纹滤镜

11.5.3　玻璃

玻璃滤镜是通过制作细小的纹理，模拟透过不同类型的玻璃观看图像的效果，在【玻璃】对话框中可以设置扭曲度、平滑度、纹理和缩放等参数，如图 11-44 所示。

图 11-44　玻璃滤镜

11.5.4　海洋波纹

海洋波纹滤镜是通过将波纹添加到图像表面,使图像中有细小的波纹,边缘有较多的抖动,类似在水上观看图像的效果,如图11-45所示。

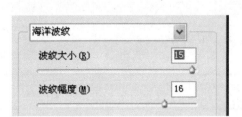

图11-45　海洋波纹滤镜

11.5.5　极坐标

极坐标滤镜包括两种效果,即从平面坐标转换为极坐标和从极坐标转换为平面坐标,使用极坐标滤镜可以创建曲面扭曲的效果,如图11-46所示。

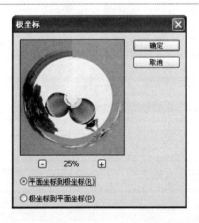

图11-46　极坐标滤镜

11.5.6　挤压

挤压滤镜是将图像或选区中的内容向外或向内挤压,使图像产生向外凸出或向内凹陷的效果,如图11-47所示。

图 11-47　挤压滤镜

11.5.7　扩散亮光

　　扩散亮光滤镜是通过在图像中添加白色杂色,从中心向外渐隐亮光,产生类似光芒漫射的效果,亮光的颜色可以通过设置背景色调整,如图 11-48 所示。

图 11-48　扩散亮光滤镜

 教你一招

扩散亮光扭曲模式的意义

　　粒度:可以设置颗粒的密度。

　　发光量:可以提高图像中光亮的强度。

　　清除数量:可以设置滤镜影响的范围,该值越大,影响的范围越小。

11.5.8　切变

　　切变滤镜可以按照使用者的想法设定图像的扭曲程度,在【切变】对话框中可以调节曲线,如图 11-49 所示。

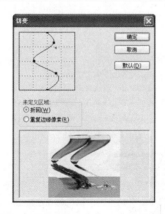

图 11-49 切变滤镜

 教你一招

切变扭曲模式的意义

折回：在空白区域中填充超出图像的内容。

重复边缘像素：在图像边缘不完整的空白区域中填充扭曲边缘的像素颜色。

11.5.9 球面化

球面化滤镜是将图像或选区扭曲为球形，使得图像产生类似 3D 的效果，在【球面化】对话框中可以设置球面化的数量和模式等参数，如图 11-50 所示。

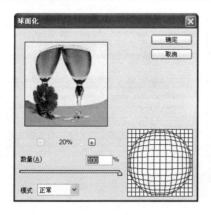

图 11-50 球面化滤镜

11.5.10 水波

水波滤镜可以在图像中产生波纹，形成类似在水中投入石子产生的涟漪效果，在【水波】

对话框中可以设置数量、起伏和样式等参数,如图 11-51 所示。

图 11-51　水波滤镜

11.5.11　旋转扭曲

旋转扭曲滤镜是将图像围绕中心旋转,产生旋转风轮效果,使用旋转扭曲滤镜时,中心旋转的程度比边缘大,如图 11-52 所示。

图 11-52　旋转扭曲滤镜

11.5.12　置换

置换滤镜是通过其他图像的亮度使原图像的像素重新排列,在使用该滤镜前应先准备一个 PSD 格式的置换图,在使用【置换】对话框设置参数单击【确定】按钮 确定 后,将会弹出【选择一个置换图】对话框,选择置换文件即可使用该滤镜,如图 11-53 所示。

图 11-53　置换滤镜

锐化滤镜组

本节导读

锐化滤镜组包括锐化滤镜、进一步锐化滤镜、锐化边缘滤镜、USM 锐化滤镜和智能锐化滤镜等，这些滤镜可以通过对比度聚集模糊的图像，使得图像变得清晰。本节介绍有关锐化滤镜组的知识。

11.6.1　锐化与进一步锐化

锐化与进一步锐化滤镜都是通过增加图像像素之间的对比度使图像清晰，锐化滤镜产生的效果不太明显，进一步锐化滤镜产生的效果相当于锐化滤镜的 2 ~ 3 倍，如图 11-54 所示。

图 11-54　锐化滤镜与进一步锐化滤镜

11.6.2　锐化边缘与 USM 锐化

锐化边缘与 USM 锐化滤镜都是通过查找图像中颜色变化强烈的区域将其锐化，其中，锐化边缘滤镜仅可以锐化图像的边缘,保留图像的平滑度;USM 锐化滤镜可以调整边缘细节的对比度,如图 11-55 所示。

图 11-55　锐化边缘滤镜与 USM 锐化滤镜

11.6.3　智能锐化

　　智能锐化滤镜与 USM 锐化滤镜相似,智能锐化滤镜可以设置锐化的计算方法,或控制锐化的区域,例如阴影和高光区等,如图 11-56 所示。

图 11-56　智能锐化滤镜

Section
11.7　素描滤镜组

　　素描滤镜组包括半调图案滤镜、便条纸滤镜、粉笔与炭笔滤镜、铬黄滤镜、绘图笔滤镜、基底凸现滤镜、水彩画纸滤镜、撕边滤镜、塑料效果滤镜、炭笔滤镜、炭精笔滤镜、图章滤镜、网状滤镜和影印滤镜等,本节介绍有关素描滤镜组的知识。

11.7.1　半调图案

　　半调图案滤镜是通过在保持连续色调范围的情况下,形成半调网屏的效果,在【半调图案】对话框中可以设置大小、对比度和图案类型等参数,如图 11-57 所示。

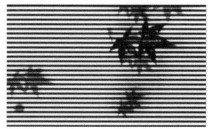

图 11-57　半调图案滤镜

11.7.2　便条纸

　　便条纸滤镜可以简化图像,形成类似手工制作的纸张图像,在【便条纸】对话框中可以设置图像平衡、粒度和凸现等参数,如图 11-58 所示。

图 11-58　便条纸滤镜

11.7.3　粉笔和炭笔

　　粉笔和炭笔滤镜是通过重新绘制高光与中间调,配合粗糙的粉笔绘制中间调的背景,在阴影区使用黑色炭笔绘制,炭笔颜色由前景色决定,粉笔颜色由背景色决定,如图 11-59 所示。

图 11-59　粉笔和炭笔滤镜

11.7.4 铬黄

铬黄滤镜是通过渲染图像,使图像形成擦亮的金属表面效果,图像中的高光在反射表面上为高点,阴影为低点,如图11-60所示。

图11-60 铬黄滤镜

 教你一招

铬黄素描模式的意义

细节:可以设置图像细节的保留程度。

平滑度:可以设置图像效果的平滑程度。

11.7.5 绘图笔

绘图笔滤镜是指通过使用细小的线状油墨对图像的细节进行描边,从而得到绘画的效果,前景色为油墨的颜色,背景色为纸张的颜色,如图11-61所示。

图11-61 绘图笔滤镜

 教你一招

绘图笔素描模式的意义

描边长度:可以设置生成线条的长度。

描边方向:可以设置生成线条的方向,包括右对角线、水平、左对角线和垂直选项。

明/暗平衡:可以调整图像的亮调与暗调的平衡。

11.7.6　基底凸现

基底凸现滤镜可以变换图像,让图像具有浮雕的雕刻形状,使用该滤镜时,前景色为图像暗区的颜色,背景色为图像浅色区的颜色,如图 11-62 所示。

图 11-62　基底凸现滤镜

11.7.7　水彩画纸

水彩画纸滤镜是指通过类似具有污点的画笔在潮湿的纤维纸上涂抹,形成自然的颜色,如图 11-63 所示。

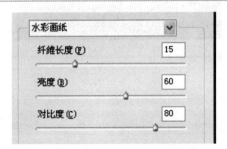

图 11-63　水彩画纸滤镜

 教你一招

水彩画纸素描模式的意义

纤维长度:可以设置图像生成的纤维长度。

亮度/对比度:可以设置图像的亮度与对比度。

11.7.8　撕边

撕边滤镜通过重建图像形成类似粗糙和撕破纸片组成的效果,并使用前景色与背景色为图像着色,如图 11-64 所示。

图 11-64　撕边滤镜

11.7.9　塑料效果

　　塑料效果滤镜可以形成3D塑料的效果,并使用前景色与背景色为图像着色,将图像的暗区凸起,亮区凹陷,如图11-65所示。

图 11-65　塑料效果滤镜

11.7.10　炭笔

　　炭笔滤镜是通过使用粗线条绘制图像主要边缘的方法,形成类似色调分离涂抹的效果,如图 11-66 所示。

图 11-66　炭笔滤镜

11.7.11 炭精笔

炭精笔滤镜是通过模拟浓黑和纯白的炭精笔纹理绘画的效果,使用前景色绘制暗区,使用背景色绘制亮区,如图 11-67 所示。

图 11-67 炭精笔滤镜

教你一招

炭精笔素描模式的意义

前景色阶/背景色阶:可以调节前景色与背景色的平衡关系,数值大的色阶颜色越突出。

纹理:可以选择预设的纹理作为模板。

缩放/凸现:可以设置纹理的大小与凹凸程度。

光照:可以选择光照的方向。

11.7.12 图章

图章滤镜是简化图像的一个滤镜,使图像看起来好像由橡皮或图章创建的,一般使用黑白色,如图 11-68 所示。

图 11-68 图章滤镜

11.7.13 网状

网状滤镜是通过模拟胶片的可控收缩与扭曲创建图像,并在阴影位置结成块,在高光位置呈现颗粒化,如图 11-69 所示。

图 11-69　网状滤镜

11.7.14 影印

影印滤镜是通过模拟影印图像的效果,在图像的四周边缘形成景区,中间色使用纯黑色或纯白色填充,如图 11-70 所示。

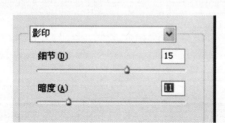

图 11-70　影印滤镜

Section 11.8 纹理滤镜组

本节导读

纹理滤镜组共包括 6 组滤镜,分别是龟裂缝滤镜、颗粒滤镜、马赛克拼贴滤镜、拼缀图滤镜、染色玻璃滤镜和纹理化滤镜,本节介绍有关纹理滤镜组的知识。

11.8.1　龟裂缝

龟裂缝滤镜是通过将图像绘制在一个高凸现的石膏上，以便形成精细的网状裂缝，可以使用该滤镜创建浮雕效果，如图11-71所示。

图11-71　龟裂缝滤镜

11.8.2　颗粒

颗粒滤镜通过使用不同种类的颗粒在图像中添加纹理，例如常规、软化、喷洒、结块和斑点等，如图11-72所示。

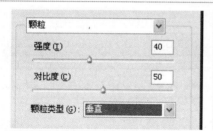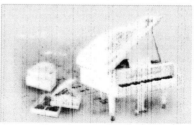

图11-72　颗粒滤镜

11.8.3　马赛克拼贴

马赛克拼贴滤镜是通过渲染图像形成类似由小的碎片拼贴图像的效果，并加深拼贴的缝隙，如图11-73所示。

图11-73　马赛克拼贴滤镜

11.8.4 拼缀图

拼缀图滤镜是通过将图像分成规则排列的正方形方块,并使用每个方块的主色进行填充,如图11-74所示。

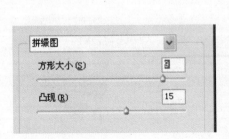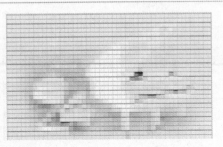

图11-74 拼缀图滤镜

11.8.5 染色玻璃

染色玻璃滤镜是通过以单色相邻的单元格绘制图像,并使用前景色填充单元格的缝隙,如图11-75所示。

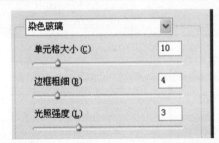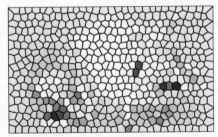

图11-75 染色玻璃滤镜

 教你一招

染色玻璃素描模式的意义

单元格大小:可以设置图像中色块的大小。

边框粗细:可以设置色块边界的宽度,并使用前景色填充边界。

光照强度:可以设置图像中心的光照强度。

11.8.6 纹理化

纹理化滤镜是在图像中生成各种纹理,例如砖形、粗麻布、画布和砂岩等,形成纹理的质感,如图11-76所示。

图 11-76　纹理化滤镜

11.9　像素化滤镜组

本节导读

像素化滤镜组包括彩块化滤镜、彩色半调滤镜、点状化滤镜、晶格化滤镜、马赛克滤镜、碎片滤镜和铜版雕刻滤镜等，本节介绍有关像素化滤镜组的知识。

11.9.1　彩块化

彩块化滤镜是通过使用纯色或颜色相近的像素结成块,使图像看上去类似手绘的效果,如图 11-77 所示。

图 11-77　彩块化滤镜

11.9.2　彩色半调

彩色半调滤镜通过设置通道划分矩形区域,使图像形成网点状效果,高光部分的网点较小,阴影部分的网点较大,如图 11-78 所示。

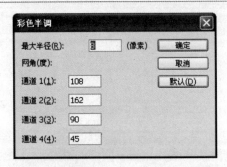

图11-78 彩色半调滤镜

 教你一招

彩色半调像素化模式的意义

最大半径：可以设置图像中最大网点的半径。

网角(度)：可以设置图像中原色通道的网点角度，如果图像为灰度模式，仅能使用通道1；图像为RGB模式，可以使用3个通道；图像为CMYK模式，可以使用所有通道。

11.9.3　点状化

点状化滤镜是通过将图像中的颜色分散成随机网点，形成类似点状的绘画效果，背景色为网点之间的画布区域，如图11-79所示。

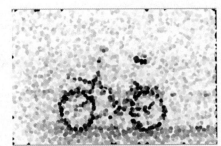

图11-79　点状化滤镜

11.9.4　晶格化

晶格化滤镜是通过将图像中的相近像素集中到多边形色块中，产生结晶颗粒的效果，如图11-80所示。

图 11-80 晶格化滤镜

11.9.5 马赛克

马赛克滤镜是通过将像素结成方块,并使用块中的平均颜色填充,创建马赛克的效果,如图 11-81 所示。

图 11-81 马赛克滤镜

11.9.6 碎片

碎片滤镜是通过将图像的像素复制 4 次再平均分布,使其相互偏移,从而产生模糊的效果,如图 11-82 所示。

图 11-82 碎片滤镜

11.9.7 铜版雕刻

铜版雕刻滤镜是通过在图像中生成不同规格的直线、曲线和斑点等,产生年代久远的金属板效果,如图11-83所示。

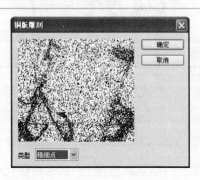

图11-83　铜版雕刻滤镜

Section 11.10 渲染滤镜组

渲染滤镜组包括5种滤镜,分别是云彩滤镜、分层云彩滤镜、光照效果滤镜、镜头光晕滤镜和纤维滤镜,使用这些滤镜可以创建3D图形、云彩图案、折射图案和模拟反光效果等,本节介绍有关渲染滤镜组的知识。

11.10.1 云彩和分层云彩

云彩滤镜是通过前景色与背景色之间的随机值生成柔和的云彩图案;分层云彩滤镜是将云彩数据与像素混合,创建类似大理石纹理的图案,如图11-84所示。

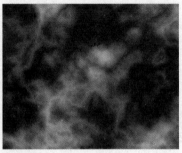

图11-84　云彩滤镜与分层云彩滤镜

11.10.2　光照效果

光照效果滤镜是较为特殊的滤镜,包括 17 种光照样式、3 种光照类型和 4 套光照属性,如图 11-85 所示。

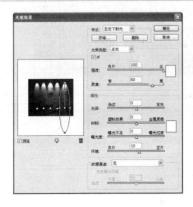

图 11-85　光照效果滤镜

11.10.3　镜头光晕

镜头光晕滤镜是通过模拟亮光照射到相机镜头后产生折射的效果,可以创建玻璃或金属等反射的光芒,如图 11-86 所示。

图 11-86　镜头光晕滤镜

11.10.4　纤维

纤维滤镜是通过使用前景色与背景色的随机颜色而创建的编辑纤维效果,可以设置差异与强度等参数,如图 11-87 所示。

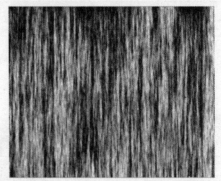

图11-87　纤维滤镜

11.11　艺术效果滤镜组

本节导读

　　艺术效果滤镜组包括壁画滤镜、彩色铅笔滤镜、粗糙蜡笔滤镜、底纹效果滤镜、调色刀滤镜、干画笔滤镜、海报边缘滤镜、海绵滤镜、绘画涂抹滤镜、胶片颗粒滤镜、木刻滤镜、霓虹灯光滤镜、水彩滤镜、塑料包装滤镜和涂抹棒滤镜等，本节介绍有关艺术效果滤镜组的知识。

11.11.1　壁画

　　壁画滤镜是通过使用短且圆的画笔对图像进行粗略的涂抹，创建古壁画的效果，如图11-88所示。

图11-88　壁画滤镜

11.11.2　彩色铅笔

　　彩色铅笔滤镜是通过模拟彩色铅笔在纯色背景上绘制图像，同时保留重要的边缘，如

图 11-89 所示。

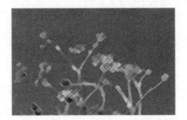

图 11-89 彩色铅笔滤镜

11.11.3 粗糙蜡笔

粗糙蜡笔滤镜是通过在带有纹理的图像上使用粉笔进行描边,在亮色区域的粉笔会很厚,在深色区域纹理会显示出来,如图 11-90 所示。

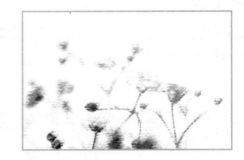

图 11-90 粗糙蜡笔滤镜

11.11.4 底纹效果

底纹效果滤镜是通过在带有纹理的背景上绘制图像,并将该图像应用到图像上,如图 11-91 所示。

图 11-91 底纹效果滤镜

11.11.5 调色刀

调色刀滤镜是通过减少图像的细节,以便生成描绘很淡的画面效果,在图像中又显示纹理,如图 11-92 所示。

图 11-92 调色刀滤镜

11.11.6 干画笔

干画笔滤镜是通过使用干画笔技术绘制图像的边缘,并将图像的颜色范围降到普通颜色范围简化图像,如图 11-93 所示。

图 11-93 干画笔滤镜

11.11.7 海报边缘

海报边缘滤镜是通过设置的选项自动跟踪图像中颜色变化剧烈的区域,并在边界上填入黑色阴影,产生海报的效果,如图 11-94 所示。

图 11-94 海报边缘滤镜

11.11.8 海绵

海绵滤镜是通过使用对比强烈的颜色,在纹理较重的区域创建图像,用来模拟海绵的绘画效果,如图 11-95 所示。

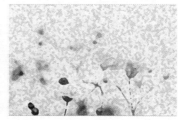

图 11-95 海绵滤镜

11.11.9 绘画涂抹

绘画涂抹滤镜是通过使用不同类型的画笔创建绘画效果,例如简单、未处理光照、暗光、宽锐化、宽模糊和火花等,如图 11-96 所示。

图 11-96 绘画涂抹滤镜

11.11.10 胶片颗粒

胶片颗粒滤镜是通过将平滑的图案应用在阴影和中间调中,并将更平滑和更高饱和度的图案添加到图像的亮区中,如图 11-97 所示。

图 11-97 胶片颗粒滤镜

11.11.11　木刻

　　木刻滤镜使图像看上去好像是由从彩纸上剪下的边缘粗糙的剪纸片组成的。高对比度的图像看起来呈剪影状,而彩色图像看上去是由几层彩纸组成的,如图11-98所示。

图11-98　木刻滤镜

11.11.12　霓虹灯光

　　霓虹灯光滤镜是通过在柔化图像外观时为图像上色,产生彩色氖光灯照射的效果,如图11-99所示。

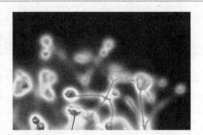

图11-99　霓虹灯光滤镜

11.11.13　水彩

　　水彩滤镜是通过使用蘸水的颜料和中号画笔绘制细节,形成水彩绘画的效果,如图11-100所示。

图11-100　水彩滤镜

11. 11. 14 塑料包装

塑料包装滤镜是通过为图像添加一层光亮的塑料,以便加强图像表面的细节,如图 11-101 所示。

图 11-101 塑料包装滤镜

11. 11. 15 涂抹棒

涂抹棒滤镜是通过使用较短的对角线条涂抹图像的暗部达到柔化图像的目的,显示出涂抹的效果,如图 11-102 所示。

图 11-102 涂抹棒滤镜

Section
11. 12 杂色滤镜组

本节导读

杂色滤镜组共包含 5 种滤镜,分别是减少杂色滤镜、蒙尘与划痕滤镜、去斑滤镜、添加杂色滤镜和中间值滤镜,使用该组滤镜可以创建与众不同的纹理,去除有问题的区域,本节介绍有关杂色滤镜组的知识。

11. 12. 1　减少杂色

减少杂色滤镜是通过影响整个图像或各个通道的设置保留边缘,同时减少杂色,如图 11-103 所示。

图 11-103　减少杂色滤镜

11. 12. 2　蒙尘与划痕

蒙尘与划痕滤镜是通过更改不同的像素来减少杂色,该滤镜对去除图像中的杂点与折痕最为有效,如图 11-104 所示。

图 11-104　蒙尘与划痕滤镜

11. 12. 3　去斑

去斑滤镜是通过检测图像边缘显著发生变化的区域,使用模糊去除图像边缘外的所有选区,消除图像中的斑点,如图 11-105 所示。

图 11-105　去斑滤镜

11.12.4　添加杂色

添加杂色滤镜是通过将随机的杂色像素应用到图像上,从而模拟出在调整胶片上拍照的效果,如图 11-106 所示。

图 11-106　添加杂色滤镜

11.12.5　中间值

中间值滤镜是通过在混合选区中像素的亮度值来减少图像的杂色,可以自动查找亮度接近的像素,如图 11-107 所示。

图 11-107　中间值滤镜

Section
11.13 其他滤镜组

本节导读

其他滤镜组包含5种滤镜，分别是高反差保留滤镜、位移滤镜、自定滤镜、最大值滤镜与最小值滤镜，使用该组滤镜可以进行修改蒙版和快速调整颜色等操作，本节介绍有关其他滤镜组的知识。

11.13.1 高反差保留

高反差保留滤镜是通过在颜色强烈变化的位置按照指定的半径保留边缘细节,设置的半径越高,保留的像素越多,如图11-108所示。

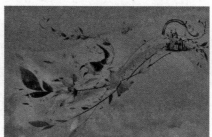

图11-108 高反差保留滤镜

11.13.2 位移

位移滤镜是通过将图像水平或垂直偏移,并使用不同的方式将形成的空缺进行填补,如图11-109所示。

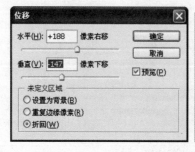

图11-109 位移滤镜

11.13.3 自定

自定滤镜是通过 Photoshop CS4 自带的滤镜效果功能，对图像进行数学运算，更改图像中每个像素的亮度值，如图 11-110 所示。

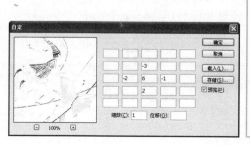

图 11-110 自定滤镜

11.13.4 最大值与最小值

最大值滤镜是通过在指定的范围内，使用周围像素最高的亮度值替换当前像素；最小值滤镜是通过使用周围像素最低的亮度值替换当前像素，如图 11-101 所示。

图 11-111 最大值与最小值滤镜

Section
11.14 实践案例

本章以"制作景深效果"和"制作水波倒影效果"为例，练习使用滤镜的方法。

11.14.1　制作景深效果

景深效果是指使用相机镜头等沿着能够取得清晰图像的成像器轴线所测定的物体距离范围,镜头的焦距越短,景深的范围就越大,光圈越小,景深就越大。使用 Photoshop CS4 可以制作景深效果,下面介绍具体的方法,如图 11-112 ~ 图 11-114 所示。

素材文件	配套素材\第 11 章\素材文件\11 - 14 - 1. PSD
效果文件	配套素材\第 11 章\效果文件\11 - 14 - 1. PSD

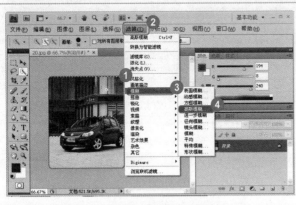

图 11-112

01　选择【高斯模糊】菜单项

No1　在图像中创建选区。

No2　在 Photoshop CS4 菜单栏中选择【滤镜】主菜单。

No3　在弹出的下拉菜单中选择【模糊】菜单项。

No4　在弹出的菜单中选择【高斯模糊】菜单项。

图 11-113

02　设置模糊路径

No1　系统弹出【高斯模糊】对话框,在【半径】文本框中输入准备设置的模糊半径,例如"3.7"。

No2　单击【确定】按钮 确定 。

图 11-114

03　完成制作景深效果

通过以上方法即可完成使用 Photoshop CS4 滤镜制作景深效果的操作。

11.14.2 制作水波倒影效果

使用 Photoshop CS4 可以为图像制作水波倒影，使得图片看上去就像在水面上方浮动，下面介绍具体的方法，如图 11-115 ～ 图 11-119 所示。

素材文件 配套素材\第 11 章\素材文件\11-14-2. PSD

效果文件 配套素材\第 11 章\效果文件\11-14-2. PSD

图 11-115

01 **选择【动感模糊】菜单项**

No.1 在图像中创建倒影图层，选择该图层。

No.2 在 Photoshop CS4 菜单栏中选择【滤镜】主菜单。

No.3 在弹出的下拉菜单中选择【模糊】菜单项。

No.4 在弹出的子菜单中选择【动感模糊】菜单项。

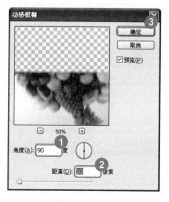

图 11-116

02 **设置模糊选项**

No.1 系统弹出【动感模糊】对话框，在【角度】文本框中输入设置的模糊角度值。

No.2 在【距离】文本框中输入设置的像素值。

No.3 单击【确定】按钮 确定 。

图 11-117

03 **选择【动感模糊】菜单项**

No.1 在图像中创建倒影图层，选择该图层。

No.2 在 Photoshop CS4 菜单栏中选择【滤镜】主菜单。

No.3 在弹出的下拉菜单中选择【扭曲】菜单项。

No.4 在弹出的子菜单中选择【波浪】菜单项。

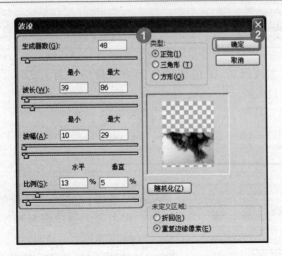

图 11-118

04 **设置波浪选项**

No1 系统弹出【波浪】对话框，设置生成器数、波长、波幅和比例等选项。

No2 单击【确定】按钮 。

图 11-119

05 **完成制作水波倒影**

通过以上方法即可完成使用 Photoshop CS4 滤镜制作水波倒影的操作。

第 12 章

动作和任务自动化

本章内容导读

    本章介绍了动作和任务自动化的知识，包括使用动作实现自动化、管理动作、管理动作组和任务自动化，最后针对实际的工作需要，以"在动作中插入停止"、"替换动作组"和"删除【动作】面板中的全部动作"为例，练习动作和任务自动化的方法。

本章知识要点

    ☑ 使用动作实现自动化
    ☑ 管理动作
    ☑ 管理动作组
    ☑ 任务自动化

12.1 使用动作实现自动化

本节导读

在 Photoshop CS4 中，动作是用于处理单个文件或一批文件的一系列命令。使用 Photoshop CS4 处理图像文件时，可以将文件的处理过程记录下来，用于对其他图像文件的处理。本节介绍【动作】面板、为文件播放动作、录制新动作和指定回放速度的操作方法。

12.1.1 【动作】面板

【动作】面板用于执行对动作的编辑操作，例如创建、播放、修改和删除动作等。在 Photoshop CS4 菜单栏中选择【窗口】主菜单，在弹出的下拉菜单中选择【动作】菜单项即可显示【动作】面板，如图 12-1 所示。

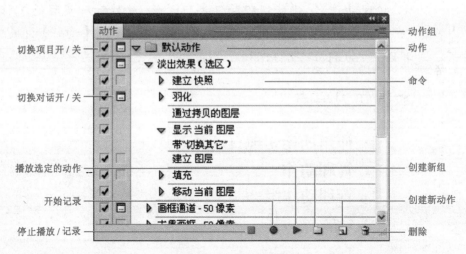

图 12-1 【动作】面板

> 【切换项目开/关】按钮✔：如果动作组、动作或命令选项前显示此按钮，则表示该动作组、动作或命令可以执行；如果动作组、动作或命令选项前不显示此按钮，则表示该动作组、动作或命令不可以执行。

> 【切换对话开/关】按钮▢：如果动作组、动作或命令选项前显示此按钮，表示动作执行到该命令时暂停，并打开与该命令相应的对话框，可以修改命令参数，单击【确定】■■确定■■按钮可以继续执行后面的动作；如果动作组和动作前出现此按钮，且按钮的颜色为红色，则表示该动作组或动作中有部分命令设置了暂停。

- 动作组:即一系列动作的集合,单击动作组前的【展开】按钮 ▶ ,可以展开动作组列表,显示该组中包括的动作。
- 动作:即一系列操作命令的集合,单击【展开】按钮 ▶ ,可以展开动作列表,显示动作包含的操作命令。
- 命令:即操作命令,单击命令前的【展开】按钮 ▶ ,可以展开命令列表,显示命令的具体参数。
- 【停止播放/记录】按钮 ■ :用来停止播放动作和停止记录动作。
- 【开始记录】按钮 ● :单击该按钮可以进行录制动作的操作。
- 【播放选定的动作】按钮 ▶ :选择一个动作后,单击该按钮可播放该动作。
- 【创建新组】按钮 ▭ :单击该按钮,可以创建一个新的动作组。
- 【创建新动作】按钮 ▢ :单击该按钮,可以创建一个新动作。
- 【删除】按钮 ⌫ :选择动作组、动作或命令后,单击该按钮将删除选择的动作组、动作或命令。

12.1.2 为文件播放动作

为文件播放动作是指在活动文档中执行动作记录的命令,从而快速处理图像。下面介绍为文件播放动作的操作方法,如图 12-2 ~ 图 12-4 所示。

图 12-2

01 选择动作组

No1 启动 Photoshop CS4,打开一幅图像文件。

No2 单击【动作面板菜单】按钮 ▤ 。

No3 在弹出的下拉菜单中选择【图像效果】菜单项。

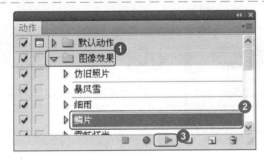

图 12-3

02 播放动作

No1 展开【图像效果】动作组。

No2 选择准备播放的动作选项。

No3 单击【播放选定的动作】按钮 ▶ 。

图 12-4

03 显示播放效果

通过以上操作即可为打开的图像文件播放"鳞片"动作,图像文件中显示播放动作后的效果。

12.1.3 录制新动作

在 Photoshop CS4 中处理图片时,如果经常使用一组动作,则可以将该组动作进行录制,以方便日后重复使用。下面介绍录制新动作的操作方法,如图 12-5 ~ 图 12-13 所示。

图 12-5

01 单击【创建新组】按钮

No1 启动 Photoshop CS4,打开一幅图像文件。

No2 选择【动作】面板。

No3 单击【创建新组】按钮 。

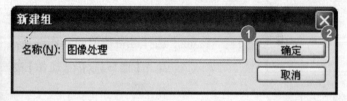

图 12-6

02 新建组

No1 在【名称】文本框中输入新组名。

No2 单击【确定】按钮 确定 。

图 12-7

03 单击【创建新动作】按钮

No1 【动作】面板中显示新创建的组。

No2 单击【创建新动作】按钮。

图 12-8

04 新建动作

No1 在【名称】文本框中输入动作名称。

No2 在【组】下拉列表框中选择动作组选项。

No3 单击【记录】按钮 记录 。

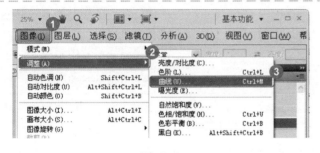

图 12-9

05 选择菜单项

No1 面板中的【开始记录】按钮 变为按下状态，选择【图像】主菜单。

No2 选择【调整】菜单项。

No3 选择【曲线】菜单项。

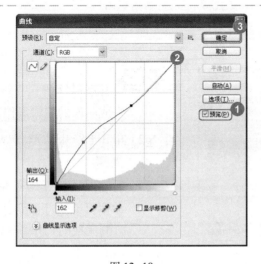

图 12-10

06 调整曲线

No1 系统弹出【曲线】对话框，选中【预览】复选框。

No2 根据预览效果调节参数值。

No3 单击【确定】按钮 确定 。

图 12-11

07 选择菜单项

No1 选择【滤镜】主菜单。

No2 在弹出的下拉菜单中选择【扭曲】菜单项。

No3 在弹出的子菜单中选择【球面化】菜单项。

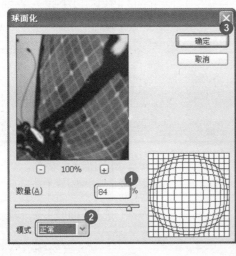

图 12-12

08 设置球面化效果

No1 系统弹出【球面化】对话框,在【数量】文本框中输入数量值。

No2 在【模式】下拉列表框中选择【正常】选项。

No3 单击【确定】按钮 确定 。

图 12-13

09 完成操作

No1 完成图像的编辑操作。

No2 单击【停止播放/记录】按钮 。

No3 通过上述操作即可录制新动作,【动作】面板中显示录制完成的动作。

教你一招

新建动作组

在录制动作之前,首先应该新建一个动作组,以便将录制的动作保存到该组中。如果没有新建动作组,在默认情况下,录制的动作被保存到当前选择的组中。

12.1.4 指定回放速度

在 Photoshop CS4 中录制动作后,可以调整动作的回放速度,或者将其暂停,从而便于对动作进行调试。回放速度共有 3 个选项,分别为加速、逐步和暂停。

> 加速:默认的动作回放速度选项,播放动作的速度较快,屏幕上不显示动作执行过程中更新文件的操作,例如打开、修改、存储和关闭等操作。

> 逐步:显示每个命令的处理结果,然后再转入下一个命令,可以查看到动作执行过程中更新文件的操作,播放速度较慢。

> 暂停:用于设定动作之间的时间间隔。

下面以设置动作的回话速度"逐步"为例,介绍指定回放速度的操作方法,如图 12-14 与图 12-15 所示。

图 12-14

01 选择菜单项

No1 启动 Photoshop CS4,选择【动作】面板。

No2 单击【动作面板菜单】按钮。

No3 在弹出的下拉菜单中选择【回放选项】菜单项。

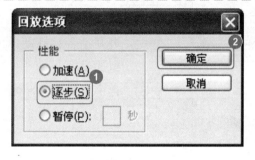

图 12-15

02 设置回放选项

No1 系统弹出【回放选项】对话框,选中【逐步】单选按钮。

No2 单击【确定】按钮 即可设置回放速度为"逐步"。

教你一招

播放动作的小技巧

在 Photoshop CS4 中,进行播放动作操作时有一些小技巧,下面予以介绍。

按顺序播放:在【动作】面板中选择动作,单击【播放选定的动作】按钮 ▶ 即可按照顺序从关至后开始播放动作。

从指定命令开始播放:展开动作选项,选择开始位置的一个命令,单击【播放选定的动作】按钮 ▶ 即可从该命令的位置开始播放动作,该命令之前的命令不予播放。

播放单个命令:展开动作选项,在键盘上按下〈Ctrl〉键的同时双击准备播放的命令,即可播放单个命令。

播放部分命令:取消动作中不准备播放的命令前的【切换项目开/关】按钮 ✔,再播放该动作时即可播放部分命令。

Section
12.2 管理动作

本节导读

在 Photoshop CS4 中录制动作后,可以对【动作】面板中的动作进行整理,从而使其更具条理性,便于操作。 本节介绍管理动作的操作方法,包括重新排列动作、复制动作、修改动作名称、修改命令参数和删除动作。

12.2.1 重新排列动作

在【动作】面板中,可以重新排列动作的次序,从而便于动作的查找。下面介绍重新排列动作的操作,如图 12-16 与图 12-17 所示。

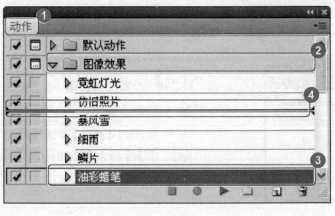

图 12-16

01 移动动作

No1 启动 Photoshop CS4,选择【动作】面板。

No2 展开准备移动动作的动作组选项。

No3 选中准备移动的动作。

No4 单击并拖动至目标位置。

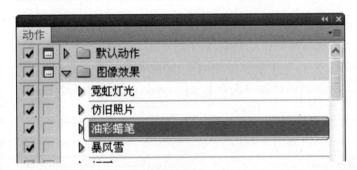

图 12-17

02 完成操作

释放鼠标左键,即可将选中的动作移动到目标位置,完成重新排列动作的操作。

12.2.2 复制动作、命令或组

在【动作】面板中,可以根据需要复制动作、命令或组,从而便于操作的执行。下面以复制动作为例,介绍复制动作、命令或组的操作方法,如图 12-18 与图 12-19 所示。

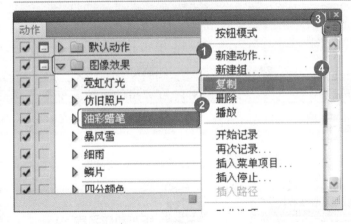

图 12-18

01 选择菜单项

No1 在【动作】面板中展开动作组选项。

No2 选择准备复制的动作选项。

No3 单击【动作面板菜单】按钮。

No4 在弹出的下拉菜单中选择【复制】菜单项。

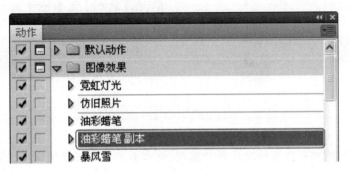

图 12-19

02 完成操作

通过上述方法即可在选中动作的下方建立动作的副本,完成复制动作的操作。

285

教你一招

快速复制动作或命令

在【动作】面板中,选中准备复制的动作或命令,按下〈Alt〉键的同时单击并拖动该动作或命令至目标位置,或单击并拖动该动作或命令至【创建新动作】按钮 🔲 上,即可快速复制动作或命令。

12.2.3 修改动作名称

在 Photoshop CS4 中录制动作后,根据需要可以修改动作名称。下面介绍修改动作名称的操作方法,如图 12-20 与图 12-21 所示。

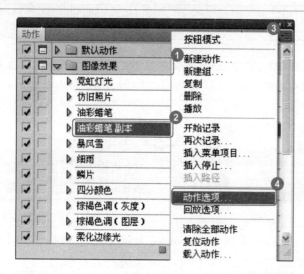

图 12-20

01 选择菜单项

No1 在【动作】面板中展开动作组选项。

No2 选择准备修改名称的动作选项。

No3 单击【动作面板菜单】按钮 。

No4 在弹出的下拉菜单中选择【动作选项】菜单项。

图 12-21

02 修改动作名称

No1 系统弹出【动作选项】对话框,在【名称】文本框中输入新名称。

No2 单击【确定】按钮 确定 即可完成修改动作名称的操作。

 教你一招

直接修改动作名称

在【动作】面板中展开动作组,双击准备修改的动作选项,动作名称变为可编辑状态,输入正确的动作名称,按下〈Enter〉键即可完成修改动作名称的操作。

12.2.4 修改命令参数

在 Photoshop CS4 中完成动作的录制后，如果对动作中命令的参数值不满意，则可进行修改，从而满足操作的需要。下面介绍在【动作】面板中修改命令参数的操作方法，如图 12-22 与图 12-23 所示。

图 12-22

01 双击命令选项

No1 在【动作】面板中展开动作组选项。

No2 展开命令所在的动作选项。

No3 双击准备修改参数的命令选项。

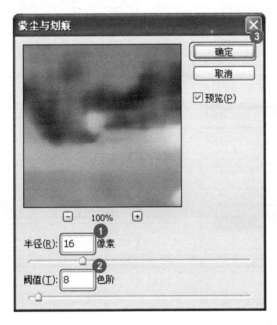

图 12-23

02 修改命令参数

No1 系统弹出【蒙尘与划痕】对话框，在【半径】文本框中输入半径值。

No2 在【阈值】文本框中输入阈值。

No3 单击【确定】按钮 确定 即可完成修改命令参数的操作。

12.2.5 删除动作、命令或组

在 Photoshop CS4 中,如果【动作】面板中的动作、命令或组不准备使用了,可以将其删除。下面以删除动作为例,介绍删除动作、命令或组的操作方法,如图 12-24～图 12-26 所示。

图 12-24

01 单击【删除】按钮

No1 在【动作】面板中展开动作组选项。

No2 选中准备删除的动作选项。

No3 单击【删除】按钮 🗑。

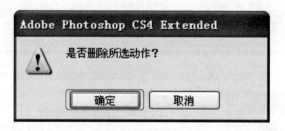

图 12-25

02 单击【确定】按钮

系统弹出【Adobe Photoshop CS4 Extended】对话框,单击【确定】按钮 [确定]。

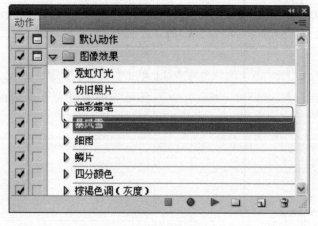

图 12-26

03 完成操作

通过上述方法即可完成删除动作。

 举一反三

单击并拖动动作、命令或组选项至【删除】按钮 🗑,可以直接删除动作、命令或组。

12.3 管理动作组

本节导读

在 Photoshop CS4 中创建动作组后，为了便于组中动作的保存和使用，可以将动作组存储到磁盘中，也可载入磁盘中的动作组。本节介绍管理动作组的操作方法，包括存储动作组、将动作恢复到默认组和载入动作组。

12.3.1 存储动作组

在【动作】面板中创建动作后，为了防止丢失和方便日后使用，可以将其与动作组一起存储。下面介绍存储动作组的操作方法，如图 12-27 与图 12-28 所示。

图 12-27

01 选择菜单项

No1 在【动作】面板中选择准备存储的动作组选项。

No2 单击【动作面板菜单】按钮。

No3 在弹出的下拉菜单中选择【存储动作】菜单项。

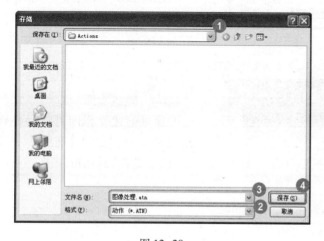

图 12-28

02 存储动作组

No1 系统弹出【存储】对话框，在【保存在】下拉列表框中选择保存位置选项。

No2 在【格式】下拉列表框中选择【动作】选项。

No3 在【文件名】文本框中输入动作组名。

No4 单击【保存】按钮即可完成存储动作组的操作。

教你一招

将动作存储到文本文件中

　　在 Photoshop CS4 中存储动作时,在键盘上按下组合键〈Ctrl〉+〈Alt〉的同时选择【存储动作】菜单项,可以将动作存储到文本文件中。在存储的文本文件中可以查看或打印动作的内容,但不能重新载入 Photoshop CS4 中。

12.3.2　将动作恢复到默认组

　　在 Photoshop CS4 中使用动作时,根据实际情况的需要,可以将动作恢复到默认组,从而在【动作】面板中只显示一个动作组。下面介绍将动作恢复到默认组的操作方法,如图 12-29 ~ 图 12-31 所示。

图 12-29

01 选择菜单项

No1　选择【动作】面板。

No2　单击【动作面板菜单】按钮 ▼≣ 。

No3　在弹出的下拉菜单中选择【复位动作】菜单项。

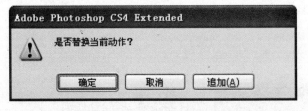

图 12-30

02 单击【确定】按钮

　　系统弹出【Adobe Photoshop CS4 Extended】对话框,单击【确定】按钮 确定 。

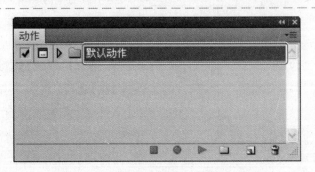

图 12-31

03 完成操作

　　通过上述操作即可将动作恢复到默认组,【动作】面板中只显示"默认动作"动作组。

12.3.3 载入动作组

在 Photoshop CS4 中,如果【动作】面板中的动作不能满足使用需要,也可以将电脑中存储的动作组载入【动作】面板中,从而便于操作。下面介绍载入动作组的操作方法,如图 12-32 ~ 12-34 所示。

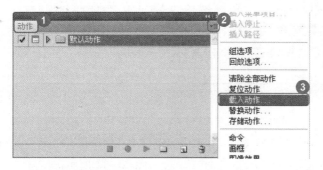
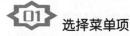

图 12-32

01 选择菜单项

No1 选择【动作】面板。

No2 单击【动作面板菜单】按钮。

No3 在弹出的下拉菜单中选择【载入动作】菜单项。

图 12-33

02 选择准备载入的动作选项

No1 系统弹出【载入】对话框,在【查找范围】下拉列表框中选择文件的保存位置选项。

No2 选择准备载入的动作组选项。

No3 单击【载入】按钮 载入(L)。

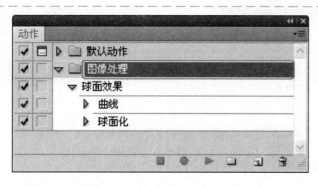

图 12-34

03 完成操作

通过上述操作即可载入电脑中保存的动作,【动作】面板中显示载入的动作选项。

Section
12.4　任务自动化

本节导读

在 Photoshop CS4 中处理照片时，任务自动化可以节省操作时间，并可确保多种操作的结果一致性。本节介绍几种任务自动化的操作方法，包括批处理、创建快捷批处理程序、裁剪并修齐照片和拼接全景图。

12.4.1　批处理

批处理是指将同一个动作应用于所有的目标文件，用来快速完成大量相同的、重复性的操作，从而提高工作效率。下面介绍批处理的操作方法，如图 12-35 ~ 图 12-42 所示。

图 12-35

01 保存图像文件

将准备进行批处理操作的文件保存到一个文件夹中。

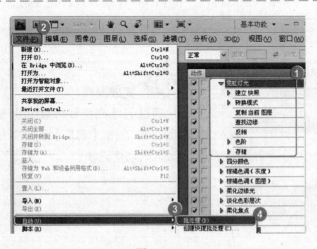

图 12-36

02 选择菜单项

No1　启动 Photoshop CS4，在【动作】面板中录制或载入准备批处理的动作。

No2　选择【文件】主菜单。

No3　在弹出的下拉菜单中选择【自动】菜单项。

No4　在弹出的子菜单中选择【批处理】菜单项。

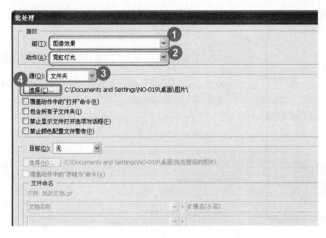

图 12-37

图 12-38

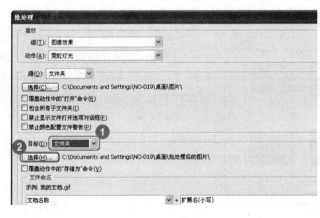

图 12-39

03 选择动作选项

No1 系统弹出【批处理】对话框,在【组】下拉列表框中选择动作组选项。

No2 在【动作】下拉列表框中选择准备批处理的动作选项。

No3 在【源】下拉列表框中选择【文件夹】选项。

No4 在【源】区域单击【选择】按钮。

04 选取批处理文件夹

No1 系统弹出【浏览文件夹】对话框,选择准备进行批处理操作的图像文件所在的文件选项。

No2 单击【确定】按钮 确定 。

05 单击【选择】按钮

No1 返回【批处理】对话框,在【目标】下拉列表框中选择【文件夹】选项。

No2 在【目标】区域单击【选择】按钮 选择(H)... 。

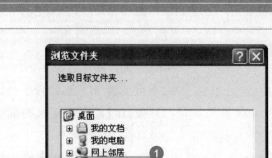

图 12-40

06 选取目标文件夹

No1 系统弹出【浏览文件夹】选项，选择准备保存批处理后的图像文件的文件夹选项。

No2 单击【确定】按钮 确定。

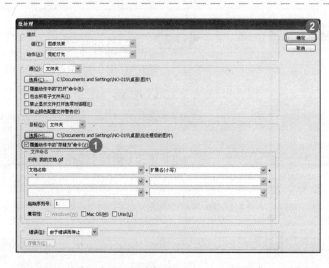

图 12-41

07 单击【确定】按钮

No1 返回【批处理】对话框，在【目标】区域选中【覆盖动作中的"存储为"命令】复选框。

No2 单击【确定】按钮 确定。

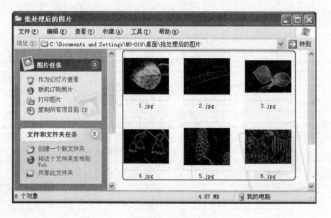

图 12-42

08 完成操作

通过上述方法即可完成批处理文件操作，被批处理后的文件保存在目标文件夹中。

12.4.2　创建快捷批处理程序

在 Photoshop CS4 中,可以创建一个能够快速完成批处理的小应用程序,只需要将图像文件或文件夹拖动到创建好的应用程序图标上,便可对图像或文件进行批处理操作。下面介绍创建快捷批处理程序的操作方法,如图 12-43 ~ 图 12-45 所示。

图 12-43

01　选择菜单项

No1　在【动作】面板中录制或载入准备创建快捷批处理程序的动作。

No2　选择【文件】主菜单。

No3　在弹出的下拉菜单中选择【自动】菜单项。

No4　在弹出的子菜单中选择【创建快捷批处理】菜单项。

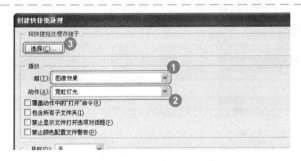

图 12-44

02　选择准备载入的动作选项

No1　系统弹出【创建快捷批处理】对话框,在【组】下拉列表框中选择动作组选项。

No2　在【动作】下拉列表框中选择动作选项。

No3　单击【选择】按钮 选择(C)... 。

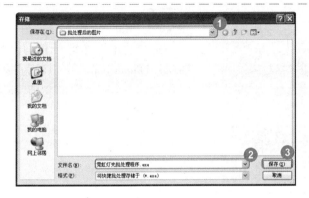

图 12-45

03　完成操作

No1　在【保存在】下拉列表框中选择保存位置。

No2　在【文件名】文本框中输入文件名。

No3　单击【保存】按钮 保存(S) ,返回【创建快捷批处理】对话框,单击【确定】按钮 确定 即可创建快捷批处理程序。

295

使用批处理程序

在 Photoshop CS4 中创建批处理程序后,程序显示为 <img> 状图标,将图像或文件夹拖动到该图标上即可直接对图像进行批处理。如果电脑中未运行 Photoshop CS4,也可完成批处理操作。

12.4.3 裁剪并修齐照片

使用扫描仪扫描照片时,可以一次扫描多张照片,Photoshop CS4 软件即可自行裁剪照片,将多张照片分离出来,从而节省编辑时间。下面介绍使用 Photoshop CS4 裁剪并修齐照片的操作方法,如图 12-46 与图 12-47 所示。

图 12-46

01 选择菜单项

No1 使用扫描仪扫描一组照片。

No2 选择【文件】主菜单。

No3 在弹出的下拉菜单中选择【自动】菜单项。

No4 在弹出的子菜单中选择【裁剪并修齐照片】菜单项。

图 12-47

02 完成操作

通过上述操作即可裁剪并修齐照片,Photoshop CS4 自动为每张照片建立一个副本图像文档,原来的照片保持不变。

教你一招

照片的排列

使用扫描仪扫描多张照片时,必须保证照片之间留有一定空隙,否则 Photoshop CS4 不能进行裁剪并修齐操作。

12.4.4 拼接全景图

拍摄风景照片时如果因相机角度问题不能拍摄出全部照片,则可分步进行拍摄,然后利用 Photoshop CS4 的拼接功能将其拼接。下面介绍拼接风景照片的方法,如图 12-48 ~ 图 12-50 所示。

图 12-48

01 选择菜单项

No1 打开准备拼接的照片。

No2 选择【文件】主菜单。

No3 在弹出的下拉菜单中选择【自动】菜单项。

No4 在弹出的子菜单中选择【Photomerge】菜单项。

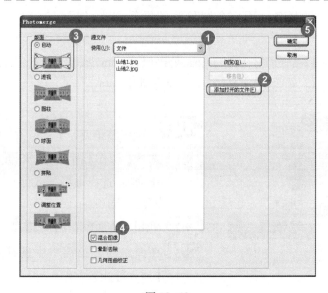

图 12-49

02 添加文件

No1 系统弹出【Photomerge】对话框,在【使用】下拉列表框中选择【文件】选项。

No2 单击【添加打开的文件】按钮 添加打开的文件(F) ,将打开的文件添加到【源文件】列表框中。

No3 选中【自动】单选按钮。

No4 选中【混合图像】复选框。

No5 单击【确定】按钮 确定 。

图 12-50

03 裁剪图像

No1 通过上述操作即可新建一个名称为"未标题_全景图1"的全景图片。

No2 在工具箱中选择【裁剪】工具 。

No3 在绘图区域创建裁剪框后，按下〈Enter〉键即可完成全景图的拼接。

12.5 实践案例

本节导读

本章以"在动作中插入停止"、"替换动作组"和"删除【动作】面板中的全部动作"为例，练习使用动作和任务自动化的方法。

12.5.1 在动作中插入停止

在 Photoshop CS4 中使用动作时可以在动作中插入停止，让动作播放到某一步时自动停止，从而继续手动执行无法录制为动作的任务。下面介绍具体的操作方法，如图 12-51 ~ 图 12-57 所示。

素材文件	配套素材\第 12 章\素材文件\5. jpg、处理照片 . atn
效果文件	配套素材\第 12 章\效果文件\5. pds、处理照片 . atn

图 12-51

01 选择菜单项

No1 选择【动作】面板，展开动作选项，选择准备插入停止的命令选项。

No2 单击【动作面板菜单】按钮 。

No3 在弹出的下拉菜单中选择【插入停止】菜单项。

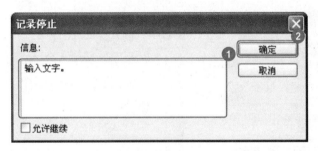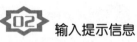

图 12-52

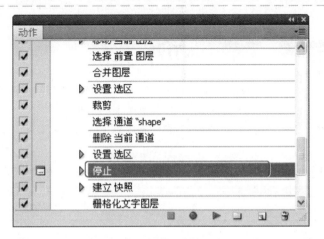

图 12-53

图 12-54

图 12-55

02 输入提示信息

No1 系统弹出【记录停止】对话框,在【信息】文本框中输入信息文字。

No2 单击【确定】按钮 确定 。

03 完成插入停止

通过上述操作即可完成在动作中插入停止。

举一反三

如果插入的停止不准备使用了,可以将【停止】选项拖至【删除】按钮 上,从而直接删除【停止】选项。

04 播放动作

No1 打开一幅图像。

No2 选择插入停止的动作选项。

No3 单击【播放选定的动作】按钮 。

05 单击【停止】按钮

播放动作至停止位置时,系统弹出【信息】对话框,单击【停止】按钮 停止(S) 。

图 12-56

06 输入文本

No1 在绘图区域输入文本。

No2 单击【播放选定的动作】按
钮 ▶ 。

图 12-57

07 完成操作

No1 通过上述操作即可完成在
动作中插入停止。

No2 播放带有停止的动作编辑
图像文件。

12.5.2 替换动作组

在 Photoshop CS4 中,可以使用电脑中存储的动作组替换【动作】面板中的动作组。下面介绍替换动作组的操作方法,如图 12-58 ~ 图 12-60 所示。

| 素材文件 | 配套素材\第 12 章\素材文件\图像处理 . atn |
| 效果文件 | 配套素材\第 12 章\效果文件\图像处理 . atn |

图 12-58

01 选择菜单项

No1 选择【动作】面板。

No2 单击【动作面板菜单】按
钮 ▼ 。

No3 在弹出的下拉菜单中选择
【替换动作】菜单项。

图 12-59

02 选择动作组

No1 系统弹出【载入】对话框，在【查找范围】下拉列表框中选择文件的保存位置选项。

No2 选择准备载入的动作组选项。

No3 单击【载入】按钮 载入(L) 。

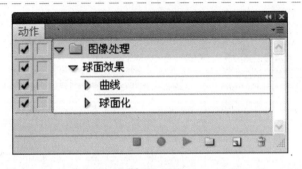

图 12-60

03 完成操作

通过上述操作即可完成替换动作组。

12.5.3 删除【动作】面板中的全部动作

在 Photoshop CS4 中，可以删除【动作】面板中的全部动作。下面介绍删除【动作】面板中的全部动作的操作方法，如图 12-61 ~ 图 12-63 所示。

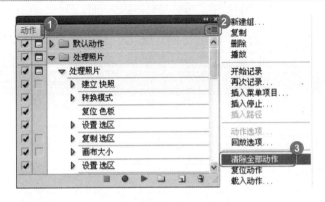

图 12-61

01 选择菜单项

No1 选择【动作】面板。

No2 单击【动作面板菜单】按钮 ▼≣ 。

No3 在弹出的下拉菜单中选择【清除全部动作】菜单项。

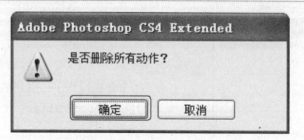

图 12-62

02 单击【确定】按钮

系统弹出【Adobe Photoshop CS4 Extended】对话框,单击【确定】按钮 确定 。

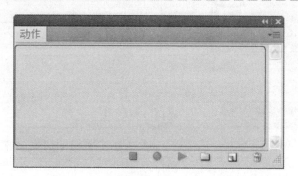

图 12-63

03 完成操作

通过上述操作即可完成删除【动作】面板中的所有动作。

📖 **读书笔记**

第13章

视频和动画

本章内容导读

　　本章介绍了有关视频和动画的知识，包括 Photoshop 中的视频和动画、创建视频图像、导入视频文件与图像序列和编辑视频与动画图层，最后以"放大镜效果动画"和"图层样式效果动画"为例，练习使用视频和动画技术的方法。

本章知识要点

　　☐ **Photoshop** 中的视频和动画
　　☐ 创建视频图像
　　☐ 导入视频文件和图像序列
　　☐ 编辑视频和动画图层

13.1 Photoshop 中的视频和动画

> **本节导读**
>
> Photoshop CS4 可以制作视频和动画，可以编辑视频中的各个帧和图像的序列文件，可以进行绘制图像、应用滤镜和图层样式等。 使用动画功能可以制作动态的图片。 本节介绍有关 Photoshop 中视频和动画的操作。

13.1.1 了解 Photoshop Extended 中的视频和视频图层

使用 Photoshop CS4 打开视频文件或图像序列时，会在【图层】面板中自动创建一个视频图层，视频帧包含在视频图层中，可以使用画笔等工具在视频文件的各个帧上进行绘制与仿制，如图 13-1 所示。

图 13-1　视频与视频图层

13.1.2 Photoshop CS4 支持的视频和图像序列格式

Photoshop CS4 支持一定的视频格式和图像序列格式，如果准备使用 Photoshop CS4 打开多种格式的视频，可以在电脑中安装 QuickTime 视频播放器，下面进行具体介绍。

1. QuickTime 视频格式

在 Photoshop CS4 Extended 中，可以使用 QuickTime 视频播放器打开许多视频格式，例如，MPEG-1（. mpg 或 . mpeg）、MPEG-4（. mp4 或 . m4v）、MOV、AVI、FLV 和 MPEG-2 格式，其中，FLV 格式是在电脑中安装 Adobe Flash Professional 的情况下支持；MPEG-2 格式是在电脑中安

装 MPEG-2 编码器的情况下支持。

2. 图像序列格式

在 Photoshop CS4 Extended 中,支持多种图像序列格式,例如,BMP、DICOM、JPEG、OpenEXR、PNG、PSD、Targa、TIFF、Cineon 和 JPEG 2000 格式,其中,Cineon 和 JPEG 2000 格式是在电脑中安装相应增效工具的情况下支持。

13.1.3 了解【动画】面板

【动画】面板包括两种模式,分别是时间轴模式和帧模式,两种模式的动画面板具有不同的界面,下面进行具体介绍。

1. 时间轴模式【动画】面板

在 Photoshop CS4 菜单栏中选择【窗口】主菜单,在弹出的下拉菜单中选择【动画】菜单项即可调出【动画】面板,单击【转换为帧动画】按钮即可进入时间轴模式【动画】面板,如图13-2所示。

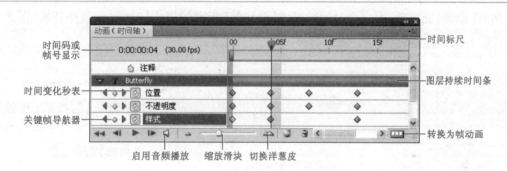

图13-2 时间轴模式【动画】面板

> 时间码或帧号显示:在该区域中显示当前帧的时间码或帧号。
> 时间变化秒表:可以启用或停用图层关键帧的设置,在该选项中可以插入关键帧并启用图层属性的关键帧设置。
> 关键帧导航器:可以在关键帧中跳转,单击【上一个】按钮◀或【下一个】按钮▶可以转换当前帧,单击【关键帧】按钮◆可以添加或删除当前关键帧。
> 时间标尺:可以测量持续的时间,刻度线和数字沿标尺出现,水平测量持续的时间。
> 图层持续时间条:可以指定图层在视频或动画中的时间位置,单击并拖动该滑块可以将图层移动到其他时间位置。
> 切换洋葱皮:单击该按钮可以切换到洋葱皮,对帧上的内容附加描边并指定不透明度的显示。

2. 帧模式【动画】面板

默认情况下调出的【动画】面板即为帧模式,可以显示动画中各个帧的缩略图,并使用不同的按钮对各个帧进行设置,如图 13-3 所示。

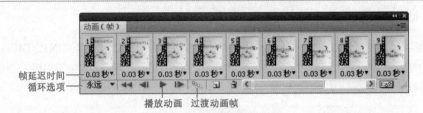

图 13-3　帧模式【动画】面板

> 帧延迟时间:设置帧在回放中的持续时间。
> 循环选项:设置动画的播放次数。
> 播放动画:在结束设置动画后,单击该按钮可以播放动画,再次单击可以停止播放。
> 过渡动画帧:可以在两个帧之间添加一系列的帧,使图像产生自然过渡。

13.1.4　切换动画模式

调出【动画】面板后,可以在时间轴模式【动画】面板和帧模式【动画】面板中切换,下面介绍具体的方法,如图 13-4 ~ 图 13-6 所示。

图 13-4

01　转换为时间轴模式

调出【动画】面板后,在帧模式【动画】面板中单击【转换为时间轴模式动画】按钮。

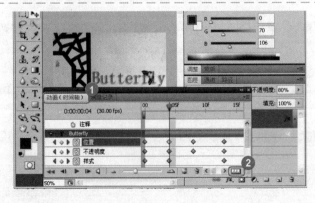

图 13-5

02　转换为帧模式

No1　通过以上方法即可将帧模式【动画】面板转换为时间轴模式【动画】面板。

No2　单击【转换为帧动画】按钮。

图 13-6

13.1.5 指定时间轴持续时间和帧速率

在时间轴模式【动画】面板中可以根据动画的帧数等设置其持续时间和变化的速度,下面介绍具体的方法,如图 13-7 ~ 图 13-9 所示。

图 13-7

03 **完成转换动画模式**

通过以上方法即可完成在动画模式间转换的操作。

01 **选择【文档设置】菜单项**

No1 在时间轴模式【动画】面板中单击【面板】按钮。

No2 在弹出的下拉菜单中选择【文档设置】菜单项。

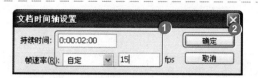

图 13-8

02 **设置时间轴时间**

No1 设置时间和帧速率。

No2 单击【确定】按钮。

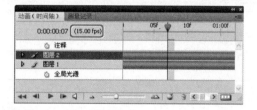

图 13-9

03 **完成设置时间轴的时间和帧速率**

通过以上方法即可完成指定时间轴持续时间和帧速率的操作。

13.2 创建视频图像

Photoshop CS4 可以创建具有各种长宽比的图像，以便它们能够在设备上正确显示，也可以选择特定的视频选项，以便对将最终图像合并到视频中时进行的缩放提供补偿，本节介绍有关创建视频图像的知识。

13.2.1 了解创建视频图像

在 Photoshop CS4 菜单栏中选择【文件】主菜单，在弹出的下拉菜单中选择【新建】菜单项，弹出【新建】对话框，在【预设】下拉列表框中选择【胶片和视频】列表项即可创建视频图像，视频图像的工作区如图 13-10 所示。在创建的视频图像中如果要为 Web 或 CD 创建内容，不应在标题安全边距和动作安全边距创建项目，因为在这些媒体中会显示整个图像。

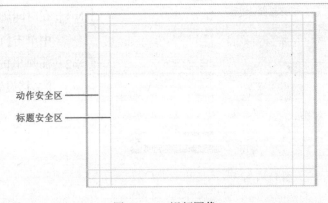

动作安全区
标题安全区

图 13-10　视频图像

13.2.2 长宽比

帧长宽比可以描述图像尺寸宽度与高度的比例，例如，DV NTSC 的帧长宽比为 4:3，一般典型的宽银幕帧的帧长宽比为 16:9，很多专业影片在拍摄时甚至使用更大的长宽比。如果在方形像素显示器上显示矩形像素而不进行更改，则图像会发生扭曲，例如，圆形会扭曲成椭圆。但在广播显示器上显示图像时，这些图像会按照正确的比例出现，因为广播显示器使用的是矩形像素。

13.2.3 创建在视频中使用的图像

在 Photoshop CS4 中可以创建在视频中使用的图像，编辑视频图像，下面介绍具体的方法，如图 13-11 ~ 图 13-13 所示。

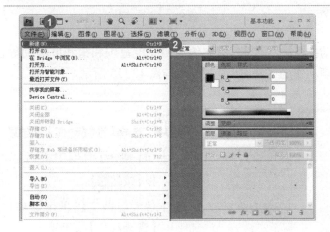

图 13-11

01 选择【新建】菜单项

No1 在 Photoshop CS4 菜单栏中选择【文件】主菜单。

No2 在弹出的下拉菜单中选择【新建】菜单项。

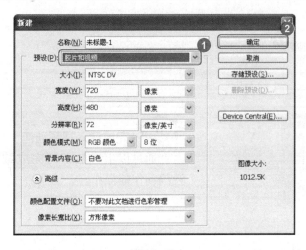

图 13-12

02 选择【胶片和视频】列表项

No1 系统弹出【新建】对话框，单击【预设】下拉列表框右侧的下拉箭头，在弹出的下拉菜单中选择【胶片和视频】列表项。

No2 单击对话框右侧的【确定】按钮。

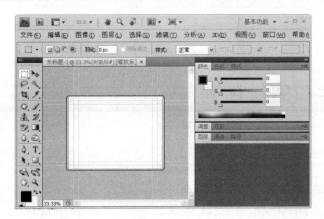

图 13-13

03 完成创建视频中使用的图像文件

通过以上方法即可完成创建在视频中使用的图像文件的操作。

13.2.4　载入视频动作

对于视频图像,使用动作可以自动执行一些任务,例如约束明亮度范围和饱和度级别等,以便符合广播标准,下面介绍载入视频动作的方法,如图13-14与图13-15所示。

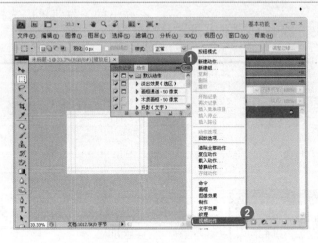

图 13-14

01 选择【视频动作】菜单项

No 1　在【动作】面板中单击【面板】按钮。

No 2　在弹出的下拉菜单中选择【视频动作】菜单项。

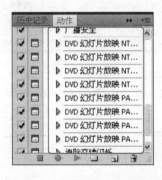

图 13-15

02 完成载入视频动作

通过以上方法即可完成载入视频动作的操作。

Section
13.3　导入视频文件和图像序列

在 Photoshop CS4 中可以将已有的视频文件添加到文件中,或在文件中导入图像序列,本节介绍有关在 Photoshop CS4 中导入视频文件和图像序列的操作方法。

13.3.1 打开或导入视频文件

在 Photoshop CS4 中,可以直接打开视频文件或在已打开的文档中添加视频,导入视频时,将在视频图层中引用图像帧,下面进行具体介绍,如图 13-16 ~ 图 13-22 所示。

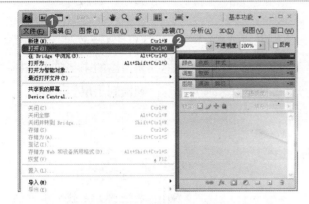

图 13-16

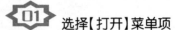 **选择【打开】菜单项**

No1 在 Photoshop CS4 菜单栏中选择【文件】主菜单。

No2 在弹出的下拉菜单中选择【打开】菜单项。

图 13-17

02 打开视频文件

No1 系统弹出【打开】对话框,在【查找范围】下拉列表框中选择准备打开文件的位置。

No2 选择准备打开的视频文件。

No3 单击【打开】按钮 打开(O)。

图 13-18

03 完成打开视频文件

通过以上方法即可完成使用 Photoshop CS4 打开视频文件的操作。

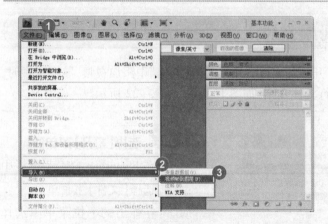

图 13-19

04 选择【视频帧到图层】菜单项

No1 在 Photoshop CS4 菜单栏中选择【文件】主菜单。

No2 在弹出的下拉菜单中选择【导入】菜单项。

No3 在弹出的子菜单中选择【视频帧到图层】菜单项。

图 13-20

05 选择打开的视频文件

No1 系统弹出【载入】对话框，在【查找范围】下拉列表框中选择准备打开文件的位置。

No2 选择准备打开的视频文件。

No3 单击【载入】按钮 载入(L) 。

图 13-21

06 选择导入范围

No1 系统弹出【将视频导入图层】对话框，选中【从开始到结束】单选按钮。

No2 单击【确定】按钮 确定 。

教你一招

选择导入范围

　　在【将视频导入图层】对话框中选中【仅限所选范围】单选按钮，在键盘上按下〈Shift〉键的同时，选中准备导入的范围，单击【确定】按钮 确定 即可将选中视频导入到图层中。

图 13-22

07 完成导入视频文件

通过以上方法即可完成在 Photoshop CS4 中导入视频文件的操作。

13.3.2 导入图像序列

准备导入图像序列时,在文件夹中应仅包含用做帧的图像,并按顺序将其命名,例如 Photo _001 等,下面介绍具体的方法,如图 13-23 ~ 图 13-26 所示。

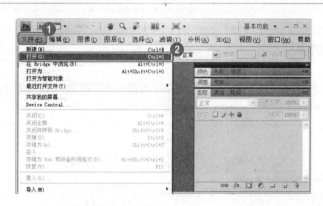

图 13-23

01 选择【打开】菜单项

No1 在 Photoshop CS4 菜单栏中选择【文件】主菜单。

No2 在弹出的下拉菜单中选择【打开】菜单项。

图 13-24

02 选中【图像序列】复选框

No1 系统弹出【打开】对话框,选择准备导入的第一张图像。

No2 选中【图像序列】复选框。

No3 单击【打开】按钮 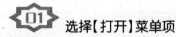。

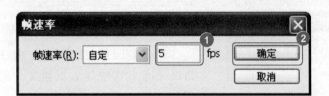

图 13-25

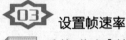

03 设置帧速率

No1 系统弹出【帧速率】对话框,输入帧速率。

No2 单击【确定】按钮 确定 。

图 13-26

04 完成导入图像序列

通过以上方法即可完成在Photoshop CS4 中导入图像序列的操作。

13.3.3 置入视频或图像序列

如果准备在视频或图像序列导入文档时进行变换,可以使用置入命令,将视频帧包含在智能对象中,下面介绍具体的操作方法,如图 13-27 ~ 图 13-30 所示。

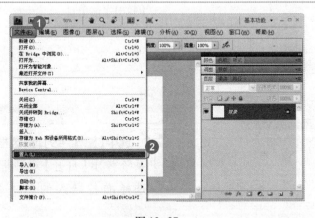

图 13-27

01 选择【置入】菜单项

No1 在 Photoshop CS4 菜单栏中选择【文件】主菜单。

No2 在弹出的下拉菜单中选择【置入】菜单项。

 教你一招

置入视频或图像序列的注意事项

不可以在智能对象包含的视频帧上直接进行编辑,应该在智能对象的上方添加空白视频图层,并在空白帧上绘制。

图 13-28

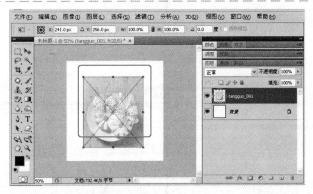

图 13-29

图 13-30

02 选择置入文件

No1 系统弹出【置入】对话框，在【查找范围】下拉列表框中选择置入文件保存的位置。

No2 选择准备置入的文件。

No3 单击【置入】按钮 。

03 调整置入的文件

置入文件后，通过调节图像周围的控制点调节图像的大小，按下〈Enter〉键。

04 完成置入视频或图像序列

通过以上方法即可完成置入视频或图像序列的操作。

 教你一招

单击【进行变换】按钮

置入视频或图像序列后，对图像进行变换操作，在选项栏中单击【进行变换】按钮 ✓ 也可以调整置入图像。

本节导读

　　编辑视频和动画图层包括变换视频图层、创建新的视频图层和指定图层在视频或动画中出现的时间等，本节介绍有关编辑视频和动画图层的知识。

13.4.1 变换视频图层

　　视频图层可以像普通图层一样进行变换，但在变换前应先将其转换为智能对象，下面介绍具体的方法，如图 13-31 ~ 图 13-34 所示。

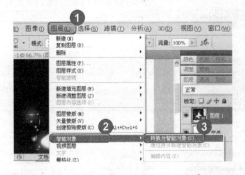

图 13-31

01 选择【转换为智能对象】菜单项

No1 选中准备编辑的图像，在 Photoshop CS4 菜单栏中选择【图层】主菜单。

No2 在弹出的下拉菜单中选择【智能对象】菜单项。

No3 在弹出的子菜单中选择【转换为智能对象】菜单项。

图 13-32

02 选择【缩放】菜单项

No1 在 Photoshop CS4 菜单栏中选择【编辑】主菜单。

No2 在弹出的下拉菜单中选择【变换】菜单项。

No3 在弹出的子菜单中选择【缩放】菜单项。

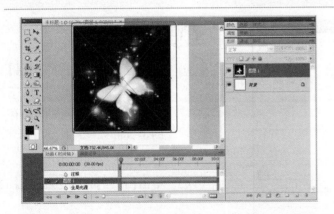

图 13-33

03 变换图像

在图像中显示控制点,单击并拖动四周的控制点变换图像,在键盘上按下〈Enter〉键。

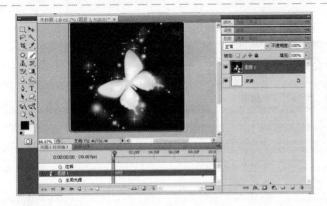

图 13-34

04 完成变换图像

通过以上方法即可完成在 Photoshop CS4 中变换视频图像的操作。

13.4.2　创建新的视频图层

在已打开的文档中可以创建新的视频图层,包括新建空白视频图层和从文件新建视频图层两种方法,下面介绍具体的操作方法,如图 13-35 ~ 图 13-37 所示。

图 13-35

01 选择菜单项

No1 在 Photoshop CS4 菜单栏中选择【图层】主菜单。

No2 在弹出的下拉菜单中选择【视频图层】菜单项。

No3 在弹出的子菜单中选择【从文件新建视频图层】菜单项。

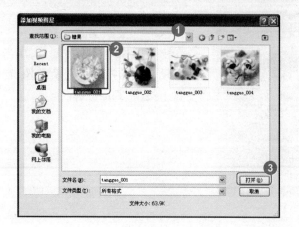

图 13-36

02 选择准备添加的图层

No1 系统弹出【添加视频图层】对话框，在【查找范围】下拉列表框中选择图像保存的位置。

No2 选择准备添加的图层。

No3 单击【打开】按钮 打开(O)。

图 13-37

03 完成新建视频图层

通过以上方法即可完成在 Photoshop CS4 中新建视频图层的操作。

13.4.3 指定图层在视频或动画中出现的时间

可以使用各种方法指定图层在视频或动画中的出现时间，例如，可以裁切位于图层的开头或结尾的帧，下面介绍具体的方法，如图 13-38 ~ 图 13-40 所示。

图 13-38

01 单击并拖动持续时间栏

调出【动画】面板，切换到时间轴动画模式，选中准备调整时间的图层，单击并向右拖动，到达目标位置后释放鼠标左键。

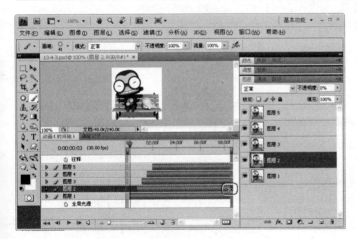

图 13-39

调整持续时间栏长短

将鼠标指针定位在持续时间栏的最右侧，鼠标指针变为↔形，单击并向左拖动鼠标指针，到达目标位置后释放鼠标左键。

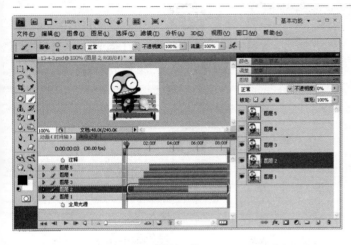

图 13-40

完成指定视频或动画时间

通过以上方法即可完成在Photoshop CS4 中指定视频或动画时间的操作。

Section.

13.5　实践案例

本章导读

本章以"放大镜效果动画"和"图层样式效果动画"为例，练习使用视频和动画技术的方法。

13.5.1　放大镜效果动画

放大镜效果是指将放大镜移动到某个位置后，该位置的图像被放大，使用 Photoshop CS4

可以制作该效果,下面介绍具体的方法,如图13-41～图13-49所示。

| 素材文件 | 配套素材\第13章\素材文件\13-5-1.PSD |
| 效果文件 | 配套素材\第13章\效果文件\13-5-1.PSD |

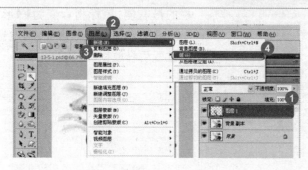

图 13-41

01 选择【组】菜单项

No1 将放大镜图像放入背景文档中,选中创建组的图层。

No2 选择【图层】主菜单。

No3 选择【新建】菜单项。

No4 选择【组】菜单项。

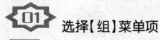

图 13-42

02 单击【确定】按钮

系统弹出【新建组】对话框,保持默认设置,单击【确定】按钮 确定 。

图 13-43

03 选择【球面化】菜单项

No1 按照同样方法将背景副本图层创建为组2,选中放大镜内部选区,选中组2中的背景副本图层。

No2 选择【滤镜】主菜单。

No3 选择【扭曲】菜单项。

No4 选择【球面化】菜单项。

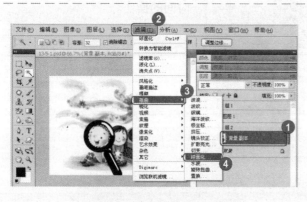

图 13-44

04 设置球面化

No1 系统弹出【球面化】对话框,在【数量】文本框中输入设置的数量值。

No2 选择【正常】模式。

No3 单击【确定】按钮 确定 。

图 13-45

05 变换放大镜图像

No1　在组 1 中复制放大镜所在图层。

No2　对放大镜副本所在图层进行变换，旋转 15°。

图 13-46

06 创建动画帧

No1　按照上述方法重复操作，将放大镜图层与背景图层进行复制，创建所需图层。

No2　调出【动画】面板，设置延迟时间为 0.2 s。

No3　设置循环方式为永远。

No4　连续单击【新建帧】按钮创建 6 个图层。

图 13-47

07 制作动画

No1　选中【动画】面板中的第 1 帧。

No2　在【图层】面板的组 1 中仅显示图层 1。

No3　在【图层】面板的组 2 中仅显示对应的背景副本图层。

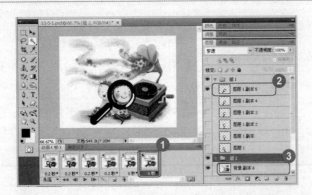

图 13-48

08 重复上述操作

No1 重复上述操作,直到选中第6帧。

No2 在【图层】面板的组 1 中仅显示图层 1 副本 5。

No3 在【图层】面板的组 2 中仅显示对应的背景副本图层。

图 13-49

09 完成制作放大镜效果动画

通过以上方法即可完成制作放大镜效果动画,在【动画】面板中单击【播放】按钮 ▶ 即可预览动画效果。

13.5.2 图层样式效果动画

使用图层样式效果可以制作动画,可以选择在时间轴模式【动画】面板中制作,下面介绍具体的方法,如图 13-50 ~ 图 13-54 所示。

| 素材文件 | 配套素材\第 13 章\素材文件\13-5-2. PSD |
| 效果文件 | 配套素材\第 13 章\效果文件\13-5-2. PSD |

01 调出【动画】面板

No1 创建文档,输入文本,并设置文本的图层样式。

No2 调出【动画】面板,切换到时间轴模式【动画】面板中。

图 13-50

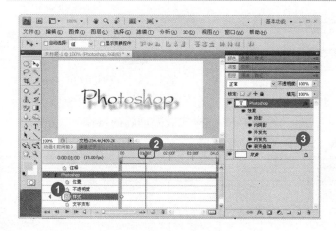

图 13-51

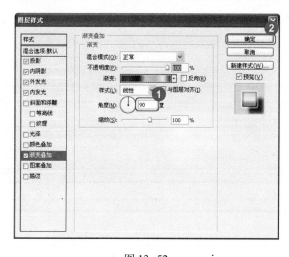

图 13-52

图 13-53

02 修改图层样式

No1 单击【样式】前的【闹钟】按钮。

No2 单击并拖动当前时间指示器至目标位置。

No3 在【图层】面板中双击【渐变叠加】样式。

03 修改渐变叠加样式

No1 系统弹出【图层样式】对话框,默认选择【渐变叠加】选项,在【渐变】区域的【角度】文本框中输入修改的角度,例如"90"。

No2 单击【确定】按钮 确定。

04 重复上述操作

在时间指示器定位的位置,显示修改图层样式创建的关键帧,重复上述操作制作渐变效果。

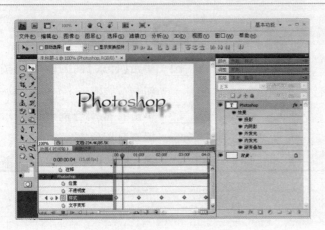

图 13-54

05 **完成制作图层样式效果动画**

通过以上方法即可完成使用时间轴模式【动画】面板制作图层样式效果动画的操作。

读书笔记

第14章
打印与输出

本章内容导读

　　本章介绍了页面设置方面的知识与技巧，同时还讲解了使用色彩管理打印和打印双色调的方法，最后针对实际的工作需要，以"存储双色调设置"、"载入双色调预设"和"查看双色调图像的个别颜色"为例，练习打印与输出的方法。

本章知识要点

　　☑ 页面设置
　　☑ 使用色彩管理打印
　　☑ 打印双色调

Section
14.1 页面设置

> **本节导读**
>
> 在 Photoshop CS4 中编辑图像文件时，可以根据需要对页面进行设置，例如，设置页面纸张大小、纸张来源、纸张方向和打印机等，本节介绍页面设置的操作方法。

14.1.1 页面设置的方法

页面设置的操作方法，如图 14-1 与图 14-2 所示。

图 14-1

01 选择菜单项

No1 打开一幅图像文件，选择【文件】主菜单。

No2 在弹出的下拉菜单中选择【页面设置】菜单项。

图 14-2

02 页面设置

No1 系统弹出【页面设置】对话框，在【大小】下拉列表框中选择【A4】选项。

No2 在【来源】下拉列表框中选择【自动选择】选项。

No3 在【方向】区域选中【横向】单选按钮。

No4 单击【确定】按钮 [确定] 即可完成页面设置的操作。

14.1.2 打印机设置

如果准备打印图像文件,可在 Photoshop CS4 中进行打印机设置。下面介绍打印机设置的操作方法,如图 14-3 ~ 图 14-5 所示。

图 14-3

01 单击【打印机】按钮

No1 打开一幅图像文件,选择【文件】→【页面设置】菜单项,打开【页面设置】对话框。

No2 单击【打印机】按钮 打印机(P)...。

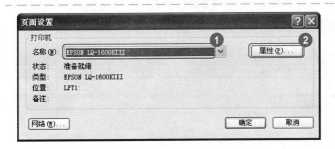

图 14-4

02 单击【属性】按钮

No1 系统弹出【页面设置】对话框,在【名称】下拉列表框中选择打印机选项。

No2 单击【属性】按钮 属性(P)...。

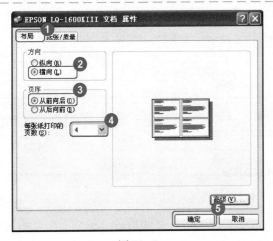

图 14-5

03 布局设置

No1 选择【布局】选项卡。

No2 在【方向】区域选中【横向】单选按钮。

No3 在【页序】区域选中【从前向后】单选按钮。

No4 在【每张纸打印的页数】下拉列表框中选择【4】选项。

No5 单击【确定】按钮 确定 即可完成打印机的设置。

Section

14.2 使用色彩管理打印

打印是指将图像发送到输出设备的过程。 Photoshop CS4 中的图像可以在纸张或胶片上打印，可以打印到印版，也可直接打印到数字印刷机中。 本节介绍设置基本打印选项、指定色彩管理打印和校样选项与设置打印前的输出选项的操作方法。

14.2.1 认识【打印】对话框

在 Photoshop CS4 中完成图像文件的编辑后，选择【文件】主菜单，在弹出的下拉菜单中选择【打印】菜单项，即可弹出【打印】对话框，如图 14-6 所示。

图 14-6 【打印】对话框

打开【打印】对话框后，调整其中的参数选项对图像进行打印前的设置。下面介绍【打印】对话框各区域的功能。

- 预览打印:可以显示准备打印的图像的预览效果。
- 定位和缩放图像:用于设置图像位置和缩放后的打印尺寸。
- 设置打印机和打印作业选项:用于选择指定的打印机、设置打印份数和对页面进行设置等。
- 设置纸张方向:用于设置纸张的方向,如横向和纵向。
- 指定色彩管理和校样选项:单击该下拉列表框右侧的下拉箭头,在弹出的下拉列表中可以选择【色彩管理】和【输出】下拉列表项,选择相应的列表项后,将显示匹配的选项。

14.2.2　设置基本打印选项

在 Photoshop CS4 中完成图像文件的编辑后,如果准备打印图像文件,首先需要在【打印】对话框中设置打印选项。下面具体介绍相关的打印选项。

- 打印机:单击【打印机】下拉列表框右侧的下拉箭头,在弹出的下拉列表中可以选择合适的打印机选项。
- 份数:在【份数】文本框中可以输入打印的份数值。
- 页面设置:单击【页面设置】按钮 页面设置(G)... ,在弹出的对话框中可以设置纸张方向、页面的打印顺序和打印的页数等内容。
- 位置:在【位置】区域,如果选中【图像居中】复选框,可以使图像位于可打印区域的中心;取消选中该复选框,可以在【顶】和【左】文本框中输入数值,从而定位图像。也可在【预览】区域移动图像,进行自由定位,从而直接打印部分图像。
- 缩放后的打印尺寸:在【缩放后的打印尺寸】区域,如果选中【缩放以适合介质】复选框,可以自动缩放图像到适合纸张的可打印区域,并且【缩放】、【高度】和【宽度】文本框将不可使用;取消选中【缩放以适合介质】复选框,则可以在【缩放】、【高度】和【宽度】文本框中输入数值,设置图像的尺寸。
- 定界框:选中【定界框】复选框,将在预览区显示定界框,调整定界框就可以移动图像或者缩放图像。
- 打印选定区域:如果准备打印部分图像,可以使用矩形选框工具选择准备打印的区域,然后选中【打印选定区域】复选框。

 教你一招

设置缩放百分比

在【页面设置】对话框中设置缩放百分比后,在【打印】对话框中无法反映"缩放"、"高度"和"宽度"的准确值。为避免不准确的缩放,可以使用【打印】对话框来指定缩放百分比。

14.2.3　指定色彩管理打印和校样选项

在【打印】对话框右侧的下拉列表框中选择【色彩管理】选项,可以切换到【色彩管理】设置页面,如图 14-7 所示。

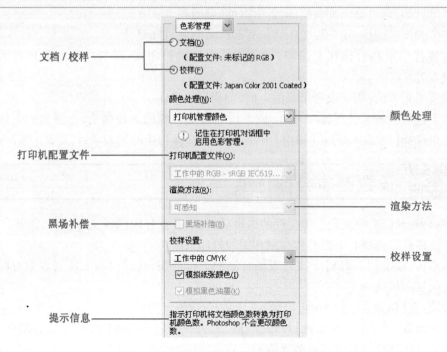

图 14-7　指定色彩管理打印和校样选项

切换到【色彩管理】页面后,在页面中可以调整色彩管理设置,从而获得图像的最佳打印效果。

➢ 文档/校样:选中【文档】单选按钮,可以打印当前文档;选中【校样】单选按钮,可以打印印刷校样。印刷校样用于模拟当前文档在印刷机上的输出效果。

➢ 颜色处理:用来确定是否使用色彩管理,如果使用,则需要确定将其用在应用程序中,还是打印设备中。

➢ 打印机配置文件:在【打印机配置文件】下拉列表框中可以选择适用于打印机和准备使用的纸张类型的配置文件。

➢ 渲染方法:指定 Photoshop 如何将颜色转换为目标色彩空间。

➢ 黑场补偿:通过模拟输出设备的全部动态范围来保留图像中的阴影细节。

➢ 校样设置:当选中【校样】单选按钮时,可在【校样设置】区域选择以本地方式存在于硬盘驱动器上的自定校样,以及模拟颜色在模拟设置的纸张上的显示效果,模拟设置的深色亮度。

➢ 提示信息:位于该页面的最下方,移动鼠标指针至页面的任一选项处,都可在提示信息区域显示相应的提示信息。

14.2.4　设置打印前的输出选项

在【打印】对话框右侧的下拉列表框中选择【输出】选项,可以切换到【输出】设置页面,如图 14-8 所示。通常【输出】页面中的选项只能由印前专业人员或对商业印刷过程了如指掌的人员指定。可以在图像周围添加各种打印标记,如图 14-9 所示。

图14-8　【输出】设置页面

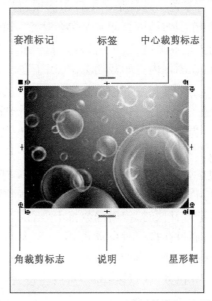

图14-9　打印标记

> 校准条:打印11级灰度,即一种按10%的增量从0～100%的浓度过渡效果。使用CMYK分色,将会在每个CMYK印版的左边打印一个校准色条,并在右边打印一个连续颜色条。只有当纸张比打印图像大时,才会打印校准栏、套准标记、裁切标记和标签。

> 套准标记:在图像上打印套准标记(包括靶心和星形靶),主要用于对齐分色。

> 角裁剪标志:在准备裁剪页面的位置打印裁切标志,可以在角上打印裁切标记。选择PostScript打印机时,选择此选项也将打印星形靶。

> 中心裁剪标志:在准备裁剪页面的位置打印中心裁切标记,可在每个边的中心打印裁剪标志。

> 说明:选择打印文字说明。文字说明可以在【文件简介】对话框中输入,文本最多约300个字符,将始终采用9号Helvetica无格式字体打印说明文本。

> 标签:在图像上方打印文件名。如果打印分色,则将分色名称作为标签的一部分打印。

> 药膜朝下:使文字在药膜朝下(即胶片或相纸上的感光层背对用户时)时可读。正常情况下,打印在纸上的图像是药膜朝上打印的,感光层正对着用户时文字可读。打印在胶片上的图像通常采用药膜朝下的方式打印。

> 负片:打印整个输出的反相版本,包括所有蒙版和任何背景色。与"图像"菜单中的"反相"命令不同,"负片"选项将输出转换为负片,而非屏幕上的图像转换为负片。尽管正片胶片在许多国家/地区很普遍,但是如果将分色直接打印到胶片,可能需要负片。与印刷商核实,确定需要哪一种方式。若要确定药膜的朝向,请在冲洗胶片后于亮光下检查胶片。暗面是药膜,亮面是基面。与印刷商核实,确定是要求胶片正片药膜朝上、负片药膜朝上、正片药膜朝下还是负片药膜朝下。

> 背景:选择要在页面上的图像区域外打印的背景色。例如,对于打印到胶片记录仪的幻灯片,黑色或彩色背景可能很理想。如果准备使用该选项,单击【背景】按钮 背景(K)... ,在【选择背景色】对话框中拾取一种颜色,单击【确定】按钮 确定 即可

设置背景色。这仅是一个打印选项,它不影响图像本身。

➢ 边界:在图像周围打印一个黑色边框。单击【边界】按钮 边界(B)... ,在【边界】对话框中输入边界宽度值,单击【确定】按钮 确定 即可。

➢ 出血:在图像内打印裁切标记,用于在非故意的情况下,做到色彩完全覆盖到要表达的地方。单击【出血】按钮 出血... ,在【出血】对话框中设置出血值,单击【确定】按钮 确定 即可。目前,出血位的统一标准为3 mm。

➢ 网屏:为打印过程中使用的每个网屏设置网频和网点形状(仅限于 PostScript 打印机)。

➢ 传递:调整传递函数,传递函数传统上用于补偿将图像传递到胶片时出现的网点补正或网点丢失情况。只有通过 PostScript 打印机进行打印时才识别此选项。通常,最好使用"CMYK 设置"对话框中的设置来调整网点补正。但是,当针对没有正确校准的输出设备进行补偿时,传递函数将十分有用。

➢ 插值:通过在打印时自动重新取样,从而减少低分辨率图像的锯齿状外观(仅限 Post-Script 打印机)。但是,重新取样可能降低图像品质的锐化程度。

➢ 发送 16 位数据(仅限 Mac OS):将每通道 16 位的数据发送到打印机。

教你一招

打印包含矢量图形的图像文件

在 Photoshop CS4 中,如果图像包含矢量图形,可以将矢量数据发送到 PostScript 打印机。当选取包含矢量数据的图形时,Photoshop 向打印机发送每个文字图层和矢量形状图层的单独图像。这些附加图像打印在基本图像之上,并使用它们的矢量轮廓剪贴。即使每个图层的内容受限于图像文件的分辨率,矢量图形的边缘仍以打印机的全分辨率打印。

Section
14.3 打印双色调

本节导读

在 Photoshop CS4 中可以创建单色调、双色调、三色调和四色调图像。单色调是指用非黑色的单一油墨打印的灰度图像。双色调、三色调和四色调分别是指用两种、三种和四种油墨打印的灰度图像。Photoshop CS4 中的双色调为泛指,包括这四种色调图像。本节介绍打印双色调的操作方法。

14.3.1 将图像转换为双色调

在 Photoshop CS4 中,双色调使用不同的彩色油墨重现不同的灰阶,因此,被视为单通道、8 位的灰度图像。在双色调模式中,不能直接访问个别的图像通道,而是通过【双色调选项】对话框中的曲线操纵通道。下面介绍将图像转换为双色调的操作方法，如图14-10～图14-16所示。

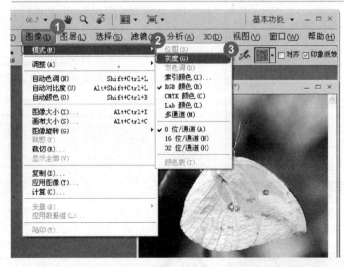

图 14-10

01 选择菜单项

No1 打开一幅图像文件，选择【图像】主菜单。

No2 在弹出的下拉菜单中选择【模式】菜单项。

No3 在弹出的子菜单中选择【灰度】菜单项。

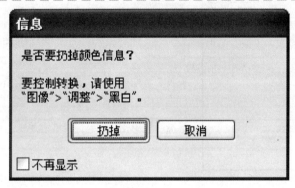

图 14-11

02 单击【扔掉】按钮

系统弹出【信息】对话框，单击【扔掉】按钮 扔掉 。

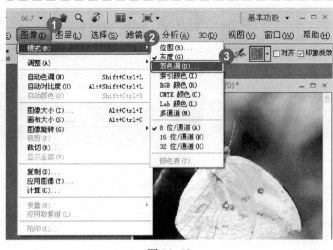

图 14-12

03 选择菜单项

No1 选择【图像】主菜单。

No2 在弹出的下拉菜单中选择【模式】菜单项。

No3 在弹出的子菜单中选择【双色调】菜单项。

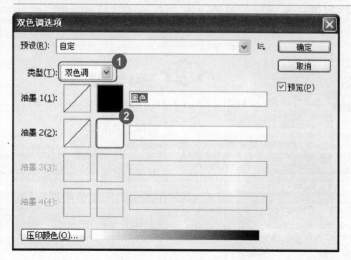

图 14-13

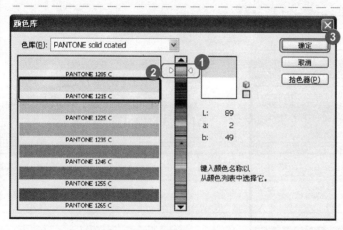

图 14-14

图 14-15

04 设置双色调选项

No1 系统弹出【双色调选项】对话框,在【类型】下拉列表框中选择【双色调】选项。

No2 在【油墨 2】区域单击【白色】拾色块。

05 设置颜色

No1 系统弹出【颜色库】对话框,在颜色条中选择准备应用的颜色。

No2 在颜色列表中选择准备应用的颜色选项。

No3 单击【确定】按钮 确定 。

06 单击【确定】按钮

返回【双色调选项】对话框,单击【确定】按钮 。

举一反三

只有灰度模式的图像才能够转换为双色调模式。因此,如果准备将其他模式的图像转换为双色调模式,首先必须将其转换为灰度模式。

图 14-16

07 完成操作

通过上述方法即可完成将图像转换为双色调的操作。

 举一反三

在【双色调选项】对话框中，在【油墨1】区域单击【黑色】拾色块，在弹出的【颜色库】对话框中可以设置油墨1的颜色。

教你一招

压印颜色

压印颜色是指相互打印在对方之上的无网屏油墨。在【双色调选项】对话框中，单击【压印颜色】按钮 压印颜色(O)... ，在【压印颜色】对话框中可以设置压印颜色在屏幕上的外观。

14.3.2 修改给定油墨的双色调曲线

在双色调模式的图像中，每一种油墨都可以通过一条单独的曲线来指定颜色如何在高光和阴影内分布。该曲线将原始图像中的每个灰度值映射为一个特定的油墨百分比，通过调整油墨的百分比可以调整每种油墨的双色调曲线。下面介绍修改给定油墨的双色调曲线的操作方法，如图 14-17 ~ 图 14-21 所示。

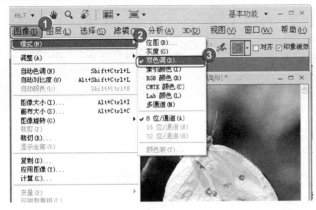

图 14-17

01 选择菜单项

No1 打开一幅图像文件，选择【图像】主菜单。

No2 在弹出的下拉菜单中选择【模式】菜单项。

No3 在弹出的子菜单中选择【双色调】菜单项。

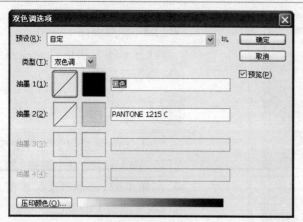

图 14-18

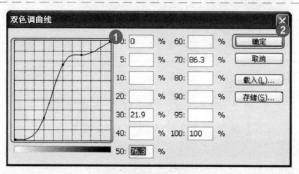

图 14-19

02 单击曲线框

系统弹出【双色调选项】对话框,在【油墨 1】区域右侧单击曲线框。

03 调节曲线

No1 系统弹出【双色调曲线】对话框,在【曲线】区域单击并拖动鼠标左键调节曲线值。

No2 单击【确定】按钮 确定 。

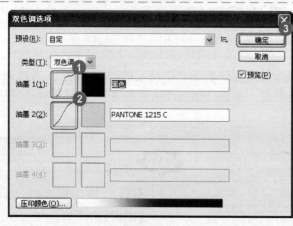

图 14-20

04 单击【确定】按钮

No1 返回【双色调选项】对话框,【油墨 1】区域右侧的曲线框中显示调节后的曲线形状。

No2 使用同样的方法设置【油墨 2】的曲线。

No3 单击【确定】按钮 确定 。

 教你一招

预 览 修 改

在【双色调选项】对话框中选中【预览】复选框,可以在预览图像效果的情况下调整曲线值,从而保证调整后的图像质量。

图 14-21

 完成操作

通过上述操作即可修改给定油墨的双色调曲线,图像中显示修改后的效果。

 举一反三

在【双色调曲线】对话框中,每条经线对应一个文本框,可以在相应的文本框中输入百分比值来修改给定油墨的双色调曲线。

教你一招

查看油墨百分比

修改给定油墨的双色调曲线后,显示【信息】面板,移动鼠标指针指向图片中准备查看的位置,可以在【信息】面板中查看到该位置油墨的百分比。

14.3.3 打印双色调的方法

在 Photoshop CS4 中创建双色调后,如果打印图像,则油墨的打印顺序和使用的网角都会显著影响最终输出。下面介绍打印双色调的操作方法,如图 14-22 ~ 图 14-25 所示。

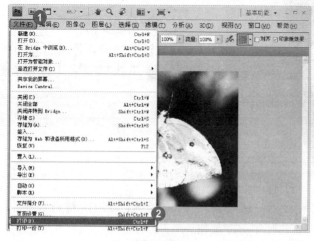

图 14-22

 选择菜单项

No1 打开一幅图像文件,选择【文件】主菜单。

No2 在弹出的下拉菜单中选择【打印】菜单项。

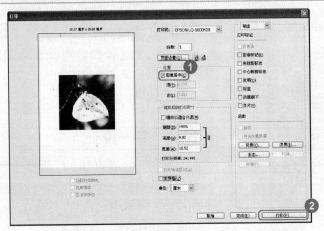

图 14-23

02 设置打印选项

No1 系统弹出【打印】对话框，在【位置】区域选中【图像居中】复选框。

No2 在对话框下方单击【打印】按钮 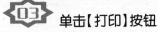。

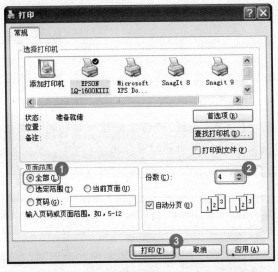

图 14-24

03 单击【打印】按钮

No1 系统弹出【打印】对话框，在【页面范围】区域选中【全部】单选按钮。

No2 在【份数】文本框中输入准备打印的份数。

No3 单击【打印】按钮 。

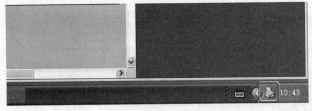

图 14-25

04 打印文档

通过上述操作即可开始打印文档，通知区域显示【打印】图标 。

教你一招

打印一份

如果准备使用当前的打印选项打印一份图像文件，可选择【文件】→【打印一份】菜单项，则不弹出任何对话框，直接打印一份文档。

实践案例

本章以"存储双色调设置"、"载入双色调预设"和"查看双色调图像的个别颜色"为例，练习打印与输出的方法。

14.4.1 存储双色调设置

在 Photoshop CS4 中，可以存储双色调的设置，例如，存储一组双色调曲线、油墨设置和压印颜色等。下面介绍存储双色调设置的操作方法，如图 14-26 ~ 图 14-29 所示。

素材文件	配套素材\第 14 章\素材文件\蝴蝶 . psd
效果文件	配套素材\第 14 章\效果文件\双色调预设 . ado

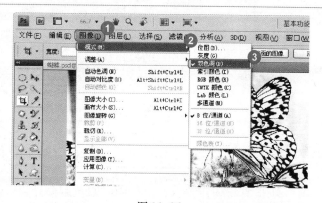

图 14-26

01 选择菜单项

No1 打开双色调图像，选择【图像】主菜单。

No2 在弹出的下拉菜单中选择【模式】菜单项。

No3 在弹出的子菜单中选择【双色调】菜单项。

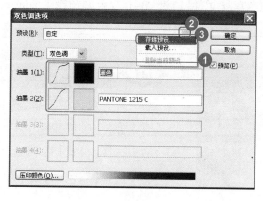

图 14-27

02 选择【存储预设】菜单项

No1 系统弹出【双色调选项】对话框，设置油墨颜色和曲线。

No2 单击【存储/载入预设】按钮 ≡。

No3 在弹出的下拉菜单中选择【存储预设】菜单项。

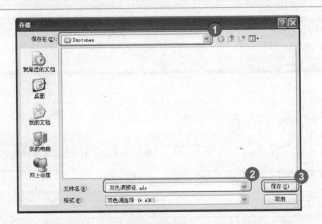

图 14-28

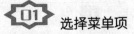

03 存储预设

No1 系统弹出【存储】对话框，在【保存在】下拉列表框中选择文件的保存位置选项。

No2 在【文件名】文本框中输入文件名。

No3 单击【保存】按钮 保存(S)

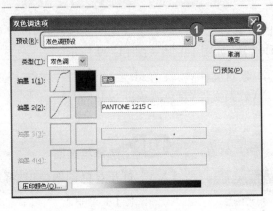

图 14-29

04 完成操作

No1 返回【双色调选项】对话框，【预设】下拉列表框中显示保存的双色调选项。

No2 单击【确定】按钮 确定 即可完成存储双色调设置的操作。

14.4.2 载入双色调预设

在 Photoshop CS4 中编辑双色调图像时，可以直接使用保存在电脑中的双色调预设，从而节省编辑时间。下面介绍载入双色调预设的操作方法，如图 14-30 ~ 图 14-33 所示。

素材文件	配套素材\第 14 章\素材文件\蜻蜓 . psd、双色调预设 1. ado
效果文件	配套素材\第 14 章\效果文件\蜻蜓 . psd

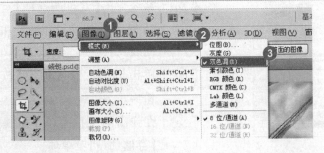

图 14-30

01 选择菜单项

No1 打开双色调图像，选择【图像】主菜单。

No2 选择【模式】菜单项。

No3 选择【双色调】菜单项。

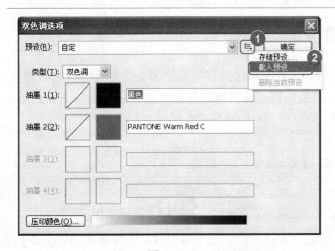

图 14-31

No1 系统弹出【双色调选项】对话框,单击【存储/载入预设】按钮。

No2 在弹出的下拉菜单中选择【载入预设】菜单项。

图 14-32

No1 系统弹出【载入】对话框,在【查找范围】下拉列表框中选择双色调预设保存的文件夹。

No2 选择准备载入的预设选项。

No3 单击【载入】按钮。

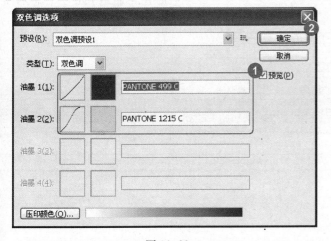

图 14-33

No1 系统弹出【双色调选项】对话框,载入预设的双色调。

No2 单击【确定】按钮即可完成存储双色调设置的操作。

14.4.3 查看双色调图像的个别颜色

由于双色调是单通道图像,因此,对个别打印油墨的调整显示为最终复合图像的一部分。在某些情况下,可能需要查看个别的"印版",以查看打印时各颜色的分色方式。下面介绍查看双色调图像的个别颜色的操作方法,如图 14-34 与图 14-35 所示。

> **素材文件**　配套素材\第 14 章\素材文件\珍珠 . psd
> **效果文件**　配套素材\第 14 章\效果文件\珍珠 . psd

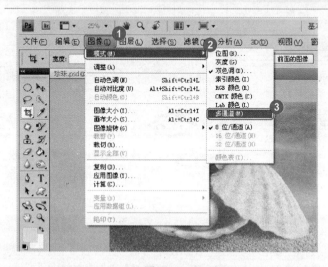

图 14-34

01　选择菜单项

No1 打开图像文件,选择【图像】主菜单。

No2 在弹出的下拉菜单中选择【模式】菜单项。

No3 在弹出的子菜单中选择【多通道】菜单项。

图 14-35

02　完成操作

通过上述操作图像即被转换为多通道模式,每个通道代表一个专色通道,【通道】面板中显示所有通道。

第 15 章
色彩管理与系统预设

本章内容导读

　　本章介绍了色彩管理方面的知识与技巧，同时还讲解了设置 Photoshop 首选项的方法，最后针对实际的工作需要，以"复位警告对话框"、"自定义彩色菜单项"和"自定义网格"为例，练习色彩管理与系统预设的方法。

本章知识要点

　　☑ 色彩管理
　　☑ 设置 Photoshop 首选项

色彩管理

本节导读

在 Photoshop CS4 中，色彩管理系统统一了不同设备之间的颜色差异，使系统的颜色与最终颜色尽可能一致。 本节介绍色彩管理的操作方法，包括颜色设置、指定配置文件、校样颜色与校样设置和 Adobe PDF 预设。

15. 1. 1　颜色设置

在应用程序中，每个软件都会有自己独立的色彩空间，因此，图像文件在不同的设备间交换时颜色会发生变化，从而导致颜色的显示在不同应用程序间不同步。在 Photoshop CS4 中，可以通过【颜色设置】对话框进行色彩管理，使颜色设置自动在应用程序间同步，从而保证颜色在所有的 Adobe Creative Suite 应用程序中都表现一致。下面介绍【颜色设置】对话框及颜色设置的操作方法。

1. 【颜色设置】对话框

【颜色设置】对话框是 Photoshop CS4 中进行色彩管理的工具，可以用来进行颜色设置、指定工作空间和指定色彩管理方案等，如图 15-1 所示。

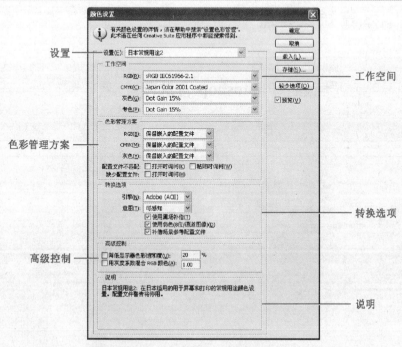

图 15-1　【颜色设置】对话框

> 设置:在【设置】下拉列表框中,可以选择准备应用的颜色设置选项。所选的颜色设置选项决定了应用程序所使用的颜色工作空间,即在某一区域适用的用于屏幕和打印的常规用途颜色设置。

> 工作空间:用于为每个色彩模式指定工作空间配置文件。色彩配置文件定义颜色的数值如何对应其视觉外观。工作空间可用于没有色彩管理的文件,以及有色彩管理的新建文件。

> 色彩管理方案:指定如何管理特定的颜色模型中的颜色。处理颜色配置文件的读取和嵌入、嵌入颜色配置文件和工作区的不匹配,还处理从一个文件到另一个文件间的颜色移动。

> 转换选项:用于指定执行色彩空间转换的细节。

> 高级控制:用于显示压缩和颜色混合控制。

> 说明:用于显示关于项目的说明。将鼠标指针移动到准备使用的项目中,该区域即可显示关于该项目的说明。

 教你一招

显示更多选项

在默认情况下,【颜色设置】对话框中只显示设置、工作空间、色彩管理方案和说明等几个选项,单击【更多选项】按钮 更多选项(O),可以显示转换选项和高级控制两个选项,单击【较少选项】按钮 较少选项(O)即可恢复默认情况。

2. 颜色设置的方法

在 Photoshop CS4 中,利用【颜色设置】对话框即可进行颜色设置。下面介绍进行颜色设置的操作方法,如图 15-2 与图 15-3 所示。

图 15-2

01 选择菜单项

No1 打开一幅图像文件,选择【编辑】主菜单。

No2 在弹出的下拉菜单中选择【颜色设置】菜单项。

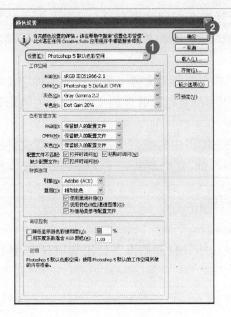

图 15-3

02 颜色设置

No1 系统弹出【颜色设置】对话
框,显示更多选项后,在【设
置】下拉列表框中选择准备
应用的颜色设置选项。

No2 单击【确定】按钮 确定
即可完成颜色设置的操作。

15. 1. 2 指定配置文件

在 Photoshop CS4 中,配置文件用于描述输入设置、色彩空间和文档。精确而一致的色彩管理要求所有的颜色设置具有准确的符合 ICC(International Color Consortium)规范的配置文件。下面介绍配置文件的种类、配置文件管理颜色的方法、指定配置文件和转换为配置文件的方法。

1. 配置文件的种类

在 Photoshop CS4 中,色彩管理系统可以使用显示器配置文件、输入设备配置文件、输出设备配置文件和文档配置文件等多种,下面分别予以介绍。

➤ 显示器配置文件:描述显示器当前还原颜色的方式。这是用户应该首先创建的配置文件,因为设计过程中在显示器上准确地查看颜色才能更好地决定临界颜色。如果在显示器上看到的颜色不能代表文档中的实际颜色,那么用户将无法保持颜色的一致性。

➤ 输入设备配置文件:描述输入设备能够捕捉或扫描的颜色。如果使用的数码相机可以选择配置文件,则建议选择 Adobe RGB,也可以选择 sRGB(多数相机的默认设置)。一些高级用户还可以考虑对不同的光源使用不同的配置文件。对于扫描仪配置文件,有些摄影师会为在扫描仪上扫描的每种类型或品牌的胶片创建单独的配置文件。

➤ 输出设备配置文件:描述输出设备的色彩空间,例如,打印机和印刷机等。色彩管理系统使用输出设备配置文件将文档中的颜色正确映射到输出设备色彩空间色域中的颜色。输出设备配置文件还应该考虑特定的打印条件,例如,纸张和油墨类型等。多数打印机驱动程序附带内置的颜色配置文件,在创建自定义配置文件之前,可以首先尝试这些配置文件。

> 文档配置文件：定义文档的特定 RGB 或 CMYK 色彩空间。通过为文档指定配置文件，应用程序可以在文档中提供实际颜色外观的定义。例如，R = 127、G = 12、B = 107 只是一组不同的设备会有不同显示的数字。但是，当使用 Adobe RGB 色彩空间进行标记时，这些数字指定的是实际颜色或光的波长，在这个例子中，所指定的颜色为紫色。

2. 配置文件管理颜色的方法

当色彩管理打开时，Photoshop 应用程序会自动为新文档指定一个基于【颜色设置】对话框中"工作空间"选项的配置文件。没有相关配置文件的文档被认为"未标记"，只包含原始颜色值。处理未标记的文档时，Photoshop 应用程序使用当前工作空间配置文件显示和编辑颜色。配置文件管理颜色示意图，如图 15-4 所示。

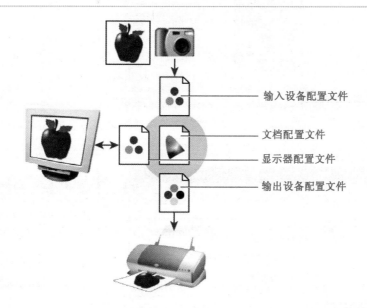

输入设备配置文件

文档配置文件

显示器配置文件

输出设备配置文件

图 15-4 配置文件管理颜色示意图

在图像处理的过程中，指定符合色彩管理要求的配置文件，对于确保显示和输出的一致是非常重要的，其作用如下。

> 输入设备配置文件：描述输入设备的色彩空间和文档。
> 文档配置文件：色彩管理系统使用配置文件的说明来标识文档的实际颜色。
> 显示器配置文件：告知色彩管理系统如何将文档的颜色数值转换到显示器的色彩空间。
> 输出设备配置文件：色彩管理系统使用输出设备的配置文件，将文档的颜色数值转换到输出设备的颜色值，从而打印出正确的颜色。

3. 指定配置文件

在 Photoshop CS4 中，可以为文档指定新的配置文件，而不必将颜色转换到配置文件空间，从而大大改变颜色在显示器上的显示外观。下面介绍指定配置文件的操作方法,如图 15-5 与图 15-6 所示。

图 15-5

01 选择菜单项

No1 打开一幅图像文件,选择【编辑】主菜单。

No2 在弹出的下拉菜单中选择【指定配置文件】菜单项。

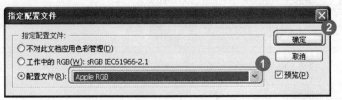

图 15-6

02 指定配置文件

No1 系统弹出【指定配置文件】对话框,选择配置文件选项。

No2 单击【确定】按钮 确定 即可指定配置文件。

 教你一招

删除现有配置文件

在 Photoshop CS4 中,如果确定不准备对文档进行色彩管理时,可以从文档中删除现存的配置文件。在【指定配置文件】对话框中选中【不对此文档应用色彩管理】单选按钮即可删除现有配置文件。从文档中删除了配置文件之后,颜色的外观将由应用程序的工作空间配置文件确定。

4. 转换为配置文件

在 Photoshop CS4 中,可以将文档的颜色转换为新的配置文件,并用新的配置文件进行标记。下面介绍在 Photoshop CS4 中为文档转换配置文件的操作方法,如图 15-7 与图 15-8 所示。

图 15-7

01 选择菜单项

No1 打开一幅图像文件，选择【编辑】主菜单。

No2 在弹出的下拉菜单中选择【转换为配置文件】菜单项。

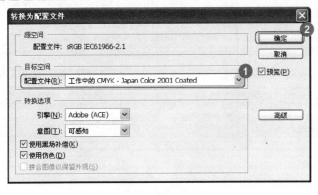

图 15-8

02 转换为配置文件

No1 系统弹出【转换为配置文件】对话框，在【目标空间】区域的【配置文件】下拉列表框中选择准备转换为配置文件的选项。

No2 单击【确定】按钮　确定　即可转换为配置文件。

 教你一招

转换为高级配置文件

在【转换为配置文件】对话框中单击【高级】按钮　高级　，在打开的【转换为高级配置文件】对话框中，可以将文档颜色转换为多通道、设备链接或抽象颜色配置文件。

15.1.3　校样颜色与校样设置

在传统的出版工作流程中，在进行打印出版之前，需要先打印出文档的印刷校样，以预览该文档在特定输出设备上还原时的外观。在 Photoshop CS4 的色彩管理工作流程中，可以直接在显示器上使用颜色配置文件的精度来对文档进行电子校样，从而在显示器上即可查看文档颜色在特定输出设备上重现时的外观。下面介绍校验颜色与校样设置的操作方法，如图 15-9 ~图 15-11 所示。

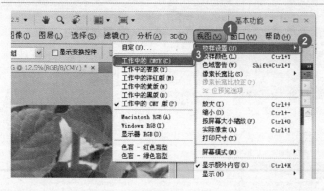

图 15-9

01 选择菜单项

No1 打开一幅图像文件,选择【视图】主菜单。

No2 在弹出的下拉菜单中选择【校样设置】菜单项。

No3 在弹出的子菜单中选择【工作中的 CMYK】菜单项。

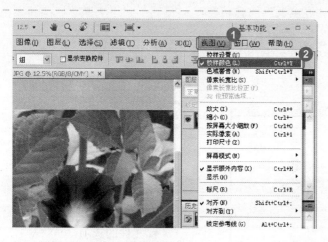

图 15-10

02 选择菜单项

No1 选择【视图】主菜单。

No2 在弹出的下拉菜单中选择【校样颜色】菜单项。

图 15-11

03 完成操作

通过上述操作即可完成校样颜色与校样设置,图像中显示为 CMYK 模式输出的结果。

15.1.4 Adobe PDF 预设

Adobe PDF 预设是一组影响创建 PDF 处理的设置。这些设置旨在平衡文件大小和品质,从而创建一致的 Photoshop PDF 文件。下面介绍创建 Adobe PDF 预设的操作方法,如图 15-12 ~ 图 15-17所示。

图 15-12

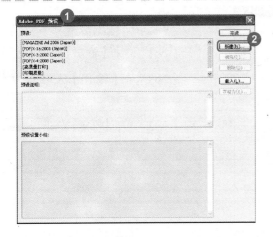

图 15-13

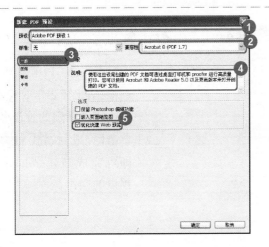

图 15-14

01　选择菜单项

No1 打开一幅图像文件,选择【编辑】主菜单。

No2 在弹出的下拉菜单中选择【Adobe PDF 预设】菜单项。

02　单击【新建】按钮

No1 系统弹出【Adobe PDF 预设】对话框。

No2 单击【新建】按钮 新建(N)... 。

03　一般设置

No1 系统弹出【新建 PDF 预设】对话框,在【预设】文本框中输入预设名称。

No2 在【兼容性】下拉列表框中选择兼容的 Acrobat 版本。

No3 选择【一般】选项卡。

No4 输入说明。

No5 选中【优化快速 Web 预览】复选框。

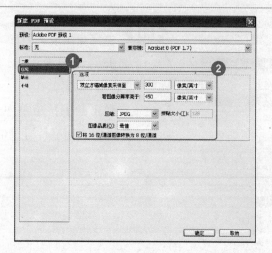

图 15-15

04 压缩设置

No1 选择【压缩】选项卡。

No2 在【压缩】区域设置压缩选项。

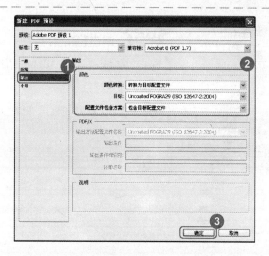

图 15-16

05 输出设置

No1 选择【输出】选项卡。

No2 在【输出】区域设置输出选项。

No3 单击【确定】按钮 确定 。

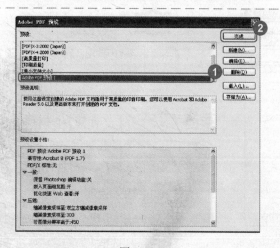

图 15-17

06 完成操作

No1 返回【Adobe PDF 预设】对话框,在【预设】下拉列表框中显示新建的预设名称。

No2 单击【完成】按钮 完成 即可完成新建 Adobe PDF 预设的操作。

共享 Adobe PDF 预设

Adobe PDF 预设文件可以在 Adobe Creative Suite 组件之间共享,包括 Photoshop、InDesign ®、Illustrator ®、GoLive ®和 Acrobat ®等。在【Adobe PDF 预设】对话框中选择准备共享的预设,单击【存储为】按钮 存储为(A)... ,将选择的预设存储到默认文件夹中即可共享 Adobe PDF 预设。

Section
15.2 设置 Photoshop 首选项

在 Photoshop CS4 中编辑图像文件之前,可以根据使用需要,选择【编辑】→【首选项】菜单项,在弹出的【首选项】对话框中设置 Photoshop 首选项,包括设置光标显示方式、网格线的颜色、透明度、暂存盘和增效工具等内容,下面分别详细介绍。

15.2.1 常规

在 Photoshop CS4 中选择【编辑】→【首选项】→【常规】菜单项,即可打开【首选项】对话框进入【常规】界面,如图 15-18 所示。

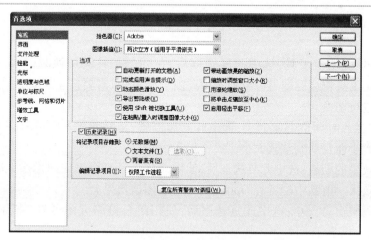

图 15-18 【常规】界面

在【常规】界面中,可以设置 Photoshop CS4 的常规选项,例如,拾色器、图像插值和历史记录等,下面分别予以介绍。

➤ 拾色器:在【拾色器】下拉列表框中共有两个选项,分别为【Adobe】选项和【Windows】选项。Adobe 拾色器可以根据 4 种颜色模型从整个色谱和 PANTONE 等颜色匹配系统中选择颜色;Windows 拾色器仅涉及基本的颜色,只允许根据两种色彩模型选择准备使用的颜色。Adobe 拾色器,如图 15-19 所示;Windows 拾色器,如图 15-20 所示。

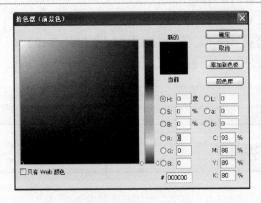 

图 15-19　Adobe 拾色器　　　　图 15-20　Windows 拾色器

➢ 图像插值:指在改变图像大小时,Photoshop CS4 遵循的增加或删除像素的方法。在【图像插值】下拉列表框中选择【邻近】选项,表示以一种低精度的方法生成像素,这种方法速度较快,但比较容易产生锯齿;选择【两次线性】选项,表示以一种通过平均周围像素颜色值的方法来生成像素,能够生成中等品质的图像;选择【两次立方】选项,表示以一种将周围像素值分析作为依据的方法生成像素,这种方法速度较慢,但是精度高。

➢ 自动更新打开的文档:选中此复选框后,如果当前打开的文件被其他程序修改并保存,则该文件会在 Photoshop CS4 中自动更新。

➢ 完成后用声音提示:选中此复选框后,当完成操作时,程序将发出提示声音。

➢ 动态颜色滑块:选中此复选框后,拾色器中的彩色四色曲线图将会随着滑块的移动而变化。

➢ 导出剪贴板:选中此复选框后,在退出 Photoshop CS4 应用程序后,剪贴板中的内容将保留。

➢ 使用 Shift 键切换工具:选中此复选框后,在同一工具间切换时,只需要按下组合键〈Shift〉+ 工具快捷键即可。取消选中此复选框后,只需要按下工具快捷键即可在同一工具间进行切换。

➢ 在粘贴/置入时调整图像大小:选中此复选框后,粘贴或置入图像时,图像会基于当前文件的大小而自动调整其大小。

➢ 带动画效果的缩放:选中此复选框后,使用缩放工具进行缩放图像操作时,会产生平滑的缩放效果。电脑中配置有 OpenGL,才可启用该效果。

➢ 缩放时调整窗口大小:选中此复选框后,使用组合键缩放图像时,将自动调整窗口的大小。

➢ 用滚轮缩放:选中此复选框后,可以通过鼠标的滚轮进行缩放图像操作。

➢ 将单击点缩放至中心:选中此复选框后,缩放图像时,可以将单击点的图像缩放至画面的中心。

➢ 启用轻击平移:选中此复选框后,使用抓手工具移动图像画面时,释放鼠标左键,图像也会滑动。电脑中配置有 OpenGL,才可启用该效果。

➤ 历史记录：用于指定历史记录存储的位置，以及历史记录中包含信息的详细程度。在【将记录项目存储到】区域选中【元数据】单选按钮，历史记录存储为嵌入在文件中的元数据；选中【文本文件】单选按钮，历史记录存储为文本文件；选中【两者兼有】单选按钮，历史记录存储为元数据，并保存在文本文件中。在【编辑记录项目】下拉列表框中可以指定历史记录信息的详细程度。

➤ 复位所有警告对话框：用于禁用或启用一些包含警告或提示的信息。

15.2.2 界面

在 Photoshop CS4 中选择【编辑】→【首选项】→【界面】菜单项，即可打开【首选项】对话框进入【界面】界面，如图 15-21 所示。

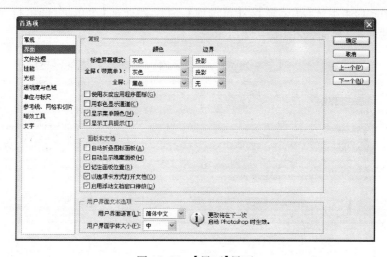

图 15-21 【界面】界面

在【界面】界面中，可以设置 Photoshop CS4 的界面选项，例如，屏幕模式颜色和边界、面板和文档与用户界面文本选项等，下面分别予以介绍。

➤ 标准屏幕模式：用于设置该屏幕模式下，屏幕的颜色和边界效果。

➤ 全屏（带菜单）：用于设置该屏幕模式下，屏幕的颜色和边界效果。

➤ 全屏：用于设置该屏幕模式下，屏幕的颜色和边界效果。

➤ 使用灰度应用程序图标：选中此复选框后，菜单栏中的【PS】图标 显示为灰色。

➤ 用彩色显示通道：选中此复选框后，RGB、CMYK 和 Lab 图像的各个通道都以相应的颜色显示。

➤ 显示菜单颜色：选中此复选框后，菜单中的某些菜单项显示背景色。

➤ 显示工具提示：选中此复选框后，移动鼠标指针指向某个控件或工具时，会显示该控件或工具的名称、作用和组合键等提示信息。

➤ 自动折叠图标面板：选中此复选框后，可以自动折叠或展开图标面板。

➤ 自动显示隐藏面板：选中此复选框后，当鼠标指针移动到隐藏面板的位置时，可以显示隐藏的面板。

➢ 记住面板位置:选中此复选框后,当程序退出时,Photoshop 将自动保存面板的位置,下次启动 Photoshop 软件时,将自动在原位置处显示该面板。

➢ 以选项卡方式打开文档:选中此复选框后,打开的文档以选项卡的方式显示。

➢ 启用浮动文档窗口停放:选中此复选框后,允许拖动浮动文档窗口,将其停放到其他程序窗口中。

➢ 用户界面语言:在【用户界面语言】下拉列表框中可以选择界面语言。

➢ 用户界面字体大小:在【用户界面字体大小】下拉列表框中可以选择准备应用的界面字体大小选项。

15.2.3 文件处理

在 Photoshop CS4 中选择【编辑】→【首选项】→【文件处理】菜单项,即可打开【首选项】对话框进入【文件处理】界面,如图 15-22 所示。

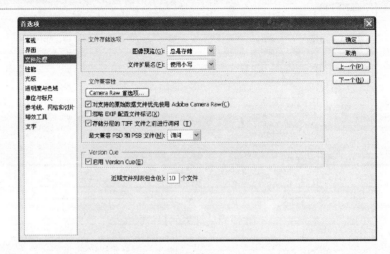

图 15-22 【文件处理】界面

在【文件处理】界面中,可以设置 Photoshop CS4 的文件处理选项,例如,文件存储、文件兼容性和 Version Cue 等,下面分别予以介绍。

➢ 图像预览:用于设置存储图像时是否存储预览图。

➢ 文件扩展名:用于设置文件扩展名的大小写。

➢ 【Camera Raw 首选项】按钮 Camera Raw 首选项... :单击该按钮,可以弹出【Camera Raw 首选项】对话框,从而进行 Camera Raw 首选项设置。

➢ 对支持的原始数据文件优先使用 Adobe Camera Raw:选中该复选框后,打开支持原始数据的文件时,优先使用 Adobe Camera Raw 处理。相机原始数据文件包含来自数码相机图像传感器且未经处理和压缩的灰度图片数据,以及有关如何捕捉图像的信息。Photoshop Camera Raw 软件可以解释相机原始数据文件,该软件使用有关相机的信息以及图像元数据来构建和处理彩色图像。

➢ 忽略 EXIF 配置文件标记:选中此复选框后,保存文件时忽略关于图像色彩空间的 EXIF

配置文件标记。

➢ 存储分层的 TIFF 文件之前进行询问：选中此复选框后，保存分层的文件时，如果存储为
TIFF 格式，则会弹出询问对话框。

➢ 最大兼容 PSD 和 PSB 文件：在该下拉列表框中，可以设置存储 PSD 和 PSB 文件时，是
否提高文件的兼容性。选择【总是】选项时，可以在文件中存储一个带有图层图像的复
合版本，其他应用程序能够读取该文件；选择【询问】选项时，存储时会弹出一个询问对
话框，询问是否最大程度提高兼容性；选择【总不】选项时，可以在不提高兼容性的情况
下存储文档。

➢ 启用 Version Cue：选中该复选框后，可以启用 Version Cue 工作组。

➢ 近期文件列表包含：在该文本框中可以设置选择【文件】→【最近打开文件】菜单项，显
示的能够保存的文件数量。

15.2.4　性能

在 Photoshop CS4 中选择【编辑】→【首选项】→【性能】菜单项，即可打开【首选项】对话框
进入【性能】界面，如图 15-23 所示。

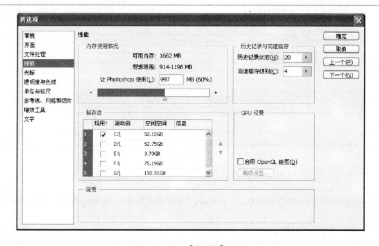

图 15-23　【性能】界面

在【性能】界面中，可以设置 Photoshop CS4 的性能选项，例如，设置分配给 Photoshop 的内
存值、设置暂存盘和历史记录状态等，下面分别予以介绍。

➢ 内存使用情况：在该区域可以显示电脑的内存情况，并可以在【让 Photoshop 使用】文本
框中设置分配给 Photoshop 的内存值，也可拖动滑块进行调整。调整后的内存值会在重
新启动 Photoshop 软件后生效。

➢ 暂存盘：在该区域可以更改 Photoshop 的暂存盘的顺序。为了获得最佳性能，可以将暂
存盘设置为内部快速驱动器或快速外部接口上的快速驱动器，而不要设置为引导驱
动器。

➢ 历史记录状态：在该文本框中可以设置【历史记录】面板中可以保留的历史记录的最大
数量。

➤ 高速缓存级别:在该文本框中可以设置图像数据的调整缓存级别的数量,用于提高屏幕重绘和直方图速度。可以为具有较少图层的较大文档选择较大的高速缓存级别,为具有较多图层的较小文档选择较小的高速缓存级别。

➤ GPU 设置:在该区域可以显示电脑的显卡。选中【启用 OpenGL 绘图】复选框后,可以启用 OpenGL 绘图,从而激活某些功能和增强界面显示,在处理大型或复杂图像时还可以加速视频处理过程。

➤ 说明:移动鼠标指针指向某些选项时,可以显示有关该选项的说明。

15.2.5　光标

在 Photoshop CS4 中选择【编辑】→【首选项】→【光标】菜单项,即可打开【首选项】对话框进入【光标】界面,如图 15-24 所示。

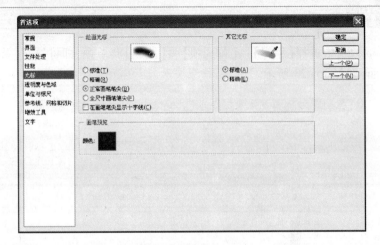

图 15-24【光标】界面

在【光标】界面中,可以设置 Photoshop CS4 的光标选项,例如,绘画光标、其他光标和画笔预览等,下面分别予以介绍。

➤ 绘画光标:用于设置使用绘画工具时,光标在页面中的显示状态。在选中【正常画笔笔尖】或【在画笔笔尖显示十字线】单选按钮时,可以选中【在画笔笔尖显示十字线】复选框,则在画笔笔尖中显示十字线。画笔笔尖的显示状态,如图 15-25 所示。

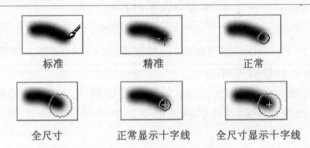

标准　　　　　精准　　　　　正常

全尺寸　　正常显示十字线　全尺寸显示十字线

图 15-25　画笔笔尖的显示状态

➢ 其他光标：用于设置使用其他工具时，光标在画面中的显示状态，如图 15-26 所示。

标准　　　　　　　　　　　　　　精确

图 15-26　吸管工具的光标状态

➢ 画笔预览：用于定义画笔预览的颜色。

15.2.6　透明度与色域

在 Photoshop CS4 中选择【编辑】→【首选项】→【透明度与色域】菜单项，即可打开【首选项】对话框进入【透明度与色域】界面，如图 15-27 所示。

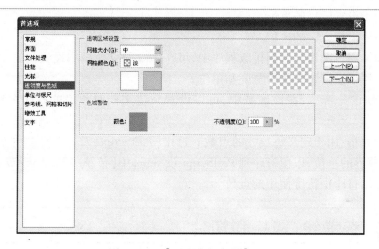

图 15-27　【透明度与色域】界面

在【透明度与色域】界面中，可以设置 Photoshop CS4 的透明度与色域选项，例如，网格大小、网格颜色和色域警告等，下面分别予以介绍。

➢ 网格大小：当图像中的背景为透明区域时，会显示棋盘状的网格。【网格大小】文本框用于设置透明区域中网格的大小。
➢ 网格颜色：用于设置透明区域的网格颜色。
➢ 色域警告：用于设置溢色的颜色和不透明度。

15.2.7　单位与标尺

在 Photoshop CS4 中选择【编辑】→【首选项】→【单位与标尺】菜单项，即可打开【首选项】对话框进入【单位与标尺】界面，如图 15-28 所示。

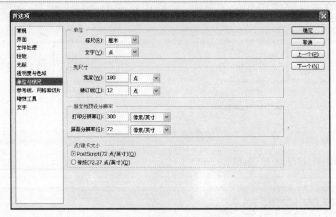

图 15-28 【单位与标尺】界面

在【单位与标尺】界面中,可以设置 Photoshop CS4 的单位与标尺选项,例如,标尺、列尺寸和新文档预设分辨率等,下面分别予以介绍。

➢ 标尺:用于设置标尺的单位。

➢ 文字:用于设置文字的单位。

➢ 宽度:如果要将图像导入到排版程序中,可在【宽度】文本框中设置列的宽度和单位。

➢ 装订线:用于设置装订线的宽度和单位。

➢ 新文档预设分辨率:在该区域中,可以设置新建文档时预设的打印分辨率和屏幕分辨率。

➢ 点/派卡大小:用于定义每英寸的点数。选中【PostScript(72 点/英寸)】单选按钮时,设置一个兼容的单位,以便打印到 PostScript 设备;选中【传统(72.27 点/英寸)】单选按钮时,则使用打印中传统使用的点数。

15.2.8 参考线、网格和切片

在 Photoshop CS4 中选择【编辑】→【首选项】→【参考线、网格和切片】菜单项,即可打开【首选项】对话框进入【参考线、网格和切片】界面,如图 15-29 所示。

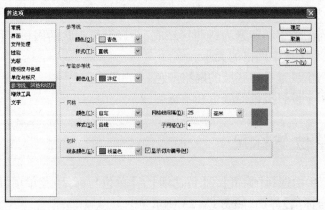

图 15-29 【参考线、网格和切片】界面

在【参考线、网格和切片】界面中,可以设置 Photoshop CS4 的参考线、网格和切片选项,例如,颜色、样式和子网格等,下面分别予以介绍。

> 参考线:在该区域可以设置参考线的颜色和样式。

> 智能参考线:该区域用于设置智能参考线的颜色。

> 网格:在该区域可以设置颜色和样式等内容。在【颜色】下拉列表框中可以设置网格颜色;在【网格线间隔】文本框中可以设置网格间距的值;在【样式】下拉列表框中可以设置网格的样式;在【子网格】文本框中输入数值,可以基于该数值细分网格。

> 切片:在该区域的【线条颜色】下拉列表框中,可以设置切片的线条颜色;选中【显示切片编号】复选框后,可以显示切片的编号。

15.2.9 增效工具

在 Photoshop CS4 中选择【编辑】→【首选项】→【增效工具】菜单项,即可打开【首选项】对话框进入【增效工具】界面,如图 15-30 所示。

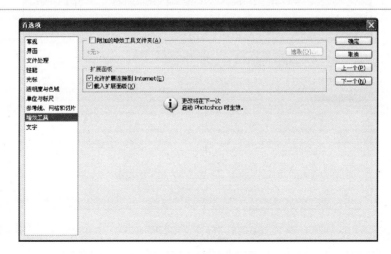

图 15-30 【增效工具】界面

在【增效工具】界面中,可以设置 Photoshop CS4 的增效工具选项,例如,附加的增效工具文件夹和扩展面板等,下面分别予以介绍。

> 附加的增效工具文件夹:用于在 Photoshop 中添加增效工具,例如,由 Adobe 和第三方经销商开发的可以在 Photoshop 中使用的外挂滤镜或者插件等。选中【附加的增效工具文件夹】复选框后,在弹出的【浏览文件夹】对话框中选择增效工具所在的文件夹选项,重新启动 Photoshop 即可附加增效工具文件夹。

> 扩展面板:在该区域可以设置扩展面板选项。选中【允许扩展连接到 Internet】单选按钮,表示允许 Photoshop 扩展面板连接到 Internet,从而获取新内容,以便及时更新程序;

选中【载入扩展面板】单选按钮时,启动时可以载入已经安装的扩展面板,更改将在下次启动 Photoshop 时生效。

教你一招

切换首选项界面

打开【首选项】对话框后,在对话框左侧选择准备设置的首选项界面选项卡,即可直接切换到该界面。

在【首选项】对话框右侧单击【上一个】按钮 上一个(P) ,或单击【下一个】按钮 下一个(N) ,可以直接在首选项界面之间进行切换。

15.2.10 文字

在 Photoshop CS4 中选择【编辑】→【首选项】→【文字】菜单项,即可打开【首选项】对话框进入【文字】界面,如图 15-31 所示。

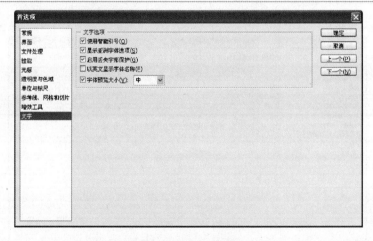

图 15-31 【文字】界面

在【文字】界面中,可以设置 Photoshop CS4 的文字选项,例如,使用智能引号、显示亚洲字体选项、启用丢失字形保护和字体预览大小等,下面分别予以介绍。

➢ 使用智能引号:智能引号也叫印刷引号,它会与字体的曲线相混淆。选中此复选框后,输入文本时可以使用弯曲的引号代替直引号。

➢ 显示亚洲字体选项:选中此复选框后,非中文、日文或朝鲜语版本的 Photoshop 会显示【字符】和【段落】面板中出现的亚洲文字的选项。

➢ 启用丢失字形保护:选中该复选框后,在打开文档时,如果文档中使用了系统上未安装的字体,则会弹出一个警告对话框,如图 15-32 所示。如果准备对包含未安装字体的文字图层进行编辑,则会弹出提示对话框,提示缺少哪些字体,可以使用可用的匹配字体替换缺少的字体,如图 15-33 所示。

图 15-32　警告对话框　　　　　图 15-33　提示替换对话框

➤ 以英文显示字体名称:选中此复选框后,【字体】下拉列表中以英文显示亚洲字体名称,如图 15-34 所示;取消选中此复选框后,【字体】下拉列表中以中文显示亚洲字体名称,如图 15-35 所示。

图 15-34　英文显示　　　　　　　图 15-35　中文显示

➤ 字体预览大小:在【字体预览大小】下拉列表框中,可以设置【字符】面板和【字体】下拉列表中预览字体的大小。

 教你一招

快速打开【首选项】对话框

在 Photoshop CS4 中,按下组合键〈Ctrl〉+〈K〉,可快速打开【首选项】对话框,从而进行首选项的设置操作。

Section

15.3　实践案例

 本节导读

本章以"复位警告对话框"、"自定义彩色菜单项"和"自定义网格"为例,练习色彩管理与系统预设的方法。

15.3.1 复位警告对话框

在 Photoshop CS4 中,执行一些操作时会弹出警告对话框,如果选中对话框中的【不再显示】复选框后,下次执行该操作时便不再显示该警告对话框。如果准备再次查看这些对话框中的信息,也可复位警告对话框。下面介绍复位警告对话框的操作方法,如图 15-36 ~ 图 15-38所示。

图 15-36

01 选择菜单项

No1 启动 Photoshop CS4,选择【编辑】主菜单。

No2 在弹出的下拉菜单中选择【首选项】菜单项。

No3 在弹出的子菜单中选择【常规】菜单项。

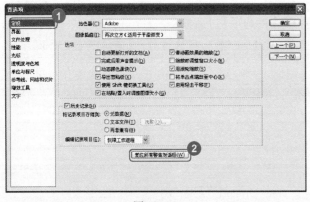

图 15-37

02 单击【复位所有警告对话框】按钮

No1 系统弹出【首选项】对话框。

No2 单击【复位所有警告对话框】按钮 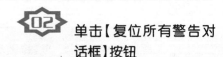。

图 15-38

03 完成操作

单击【确定】按钮 确定 即可复位警告对话框。

15.3.2　自定义彩色菜单项

在 Photoshop CS4 中,可以根据需要将经常使用的菜单项定义为彩色,从而便于菜单项的寻找。下面介绍在 Photoshop CS4 中自定义彩色菜单项的操作方法,如图 15-39 ~ 图 15-41 所示。

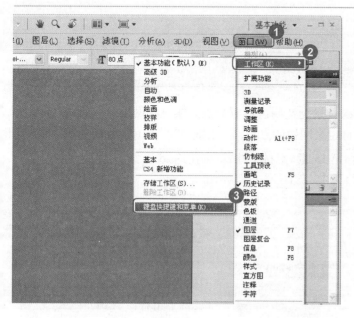

图 15-39

01 选择菜单项

No1 启动 Photoshop CS4,选择【窗口】主菜单。

No2 在弹出的下拉菜单中选择【工作区】菜单项。

No3 在弹出的子菜单中选择【键盘快捷键和菜单】菜单项。

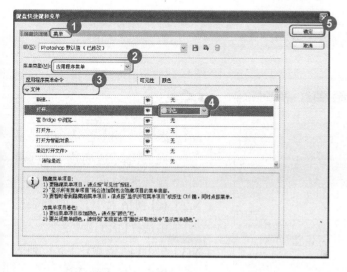

图 15-40

02 设置菜单项颜色

No1 系统弹出【键盘快捷键和菜单】对话框,选择【菜单】选项卡。

No2 在【菜单类型】下拉列表框中选择【应用程序菜单】选项。

No3 展开【文件】选项。

No4 在【打开】选项右侧的【颜色】下拉列表框中设置颜色。

No5 单击【确定】按钮。

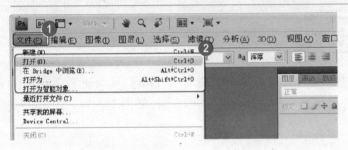

图 15-41

03 完成操作

No1 选择【文件】主菜单。

No2 在弹出的下拉菜单中即可查看到彩色菜单项效果。

15.3.3 自定义网格

在 Photoshop CS4 中，当图像中的背景为透明区域时会显示棋盘状网格，可以根据需要设置网格大小和网格颜色。下面介绍自定义网格的方法，如图 15-42 ~ 图 15-46 所示。

| 素材文件 | 配套素材\第 15 章\素材文件\牵牛花.psd |
| 效果文件 | 配套素材\第 15 章\效果文件\牵牛花.psd |

图 15-42

01 按下组合键

打开一幅背景为透明区域的图像文件，文件背景显示棋盘状网格，按下组合键〈Ctrl〉+〈K〉。

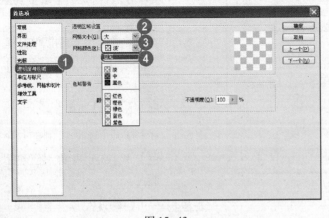

图 15-43

02 设置网格大小

No1 系统弹出【首选项】对话框，选择【透明度与色域】选项卡。

No2 在【网格大小】下拉列表框中选择【大】选项。

No3 单击【网格颜色】下拉列表框右侧的下拉箭头。

No4 选择【自定】选项。

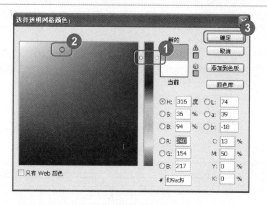

图 15-44

03 设置第一种网格颜色

No1 系统弹出【选择透明网格颜色】对话框,在颜色条中选择颜色。

No2 拾取第一种网格颜色。

No3 单击【确定】按钮 确定 。

图 15-45

04 设置第二种网格颜色

No1 系统再次弹出【选择透明网格颜色】对话框,在颜色条中选择颜色。

No2 拾取第二种网格颜色。

No3 单击【确定】按钮 确定 ,返回【首选项】对话框,单击【确定】按钮 确定 。

图 15-46

05 完成操作

通过上述操作即可自定义网格,图像的透明背景区域显示设置效果。

 读书笔记

第16章

Photoshop CS4
综合应用实例

本章内容导读

　　本章结合前面所学知识,制作了两个综合应用实例,分别是制作晨雾效果和制作火焰字。其中,制作晨雾效果实例主要应用文件的图层和擦除工具方面的知识,而制作火焰字实例主要应用文字编辑和滤镜方面的知识。通过本章的学习,读者可以将本书各章所学知识进行融合。

本章知识要点

　　☑ 制作晨雾效果
　　☑ 制作火焰字

制作晨雾效果

本节导读

　　一般在早晨的时候会出现晨雾，使建筑物等景物产生朦胧的感觉，使用Photoshop CS4 可以制作这种效果，主要操作为复制背景图层、新建并填充图层、设置不透明度和擦出主体等，本节介绍制作晨雾效果。

16.1.1　复制背景图层

　　为了不破坏原有图像的效果,在制作晨雾效果时应将背景图层复制,以便在错误操作后重新制作,下面介绍具体的方法,如图 16-1 与图 16-2 所示。

01 单击并拖动背景图层

　　在【图层】面板，选中背景图层，单击并拖动该图层至【新建图层】按钮 ⬜ 上。

图 16-1

02 完成复制背景图层

　　通过以上方法即可完成复制背景图层的操作。

图 16-2

16.1.2　新建并填充图层

　　如果准备制作晨雾效果,需要建立一个新的图层并填充白色,从而创建晨雾效果,下面介绍具体的方法,如图 16-3 ~ 图 16-6 所示。

图 16-3

01 选择【图层】菜单项

No1 在 Photoshop CS4 菜单栏中选择【图层】主菜单。

No2 在弹出的下拉菜单中选择【新建】菜单项。

No3 在弹出的子菜单中选择【图层】菜单项。

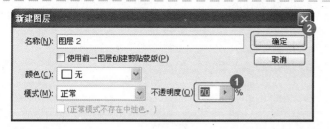

图 16-4

02 新建图层

No1 系统弹出【新建图层】对话框，在【不透明度】文本框中输入数值。

No2 单击【确定】按钮 确定 。

图 16-5

03 填充图层

No1 将前景色设置为白色。

No2 在工具箱中选择【油漆桶】工具。

No3 在油漆桶工具选项栏中设置为前景色填充。

No4 在工作区中单击。

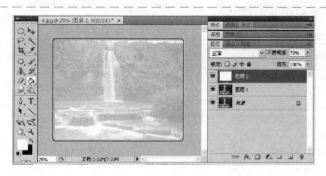

图 16-6

04 完成新建并填充图层

通过以上方法即可完成新建并填充图层的操作。

16. 1. 3　擦出主体

为了打造晨雾效果中的层次感,需要使用橡皮擦工具将图像的主体擦出来,下面介绍具体的方法,如图16-7～图16-9所示。

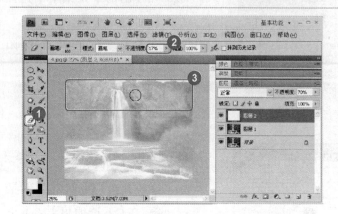

图 16-7

01　擦出远处的图像

No1　在 Photoshop CS4 工具箱中选择【橡皮擦】工具。

No2　在橡皮擦工具选项栏中设置不透明度为17%。

No3　在图像的远处进行涂抹。

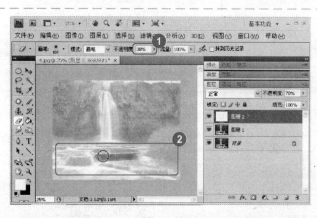

图 16-8

02　擦出近处的图像

No1　在橡皮擦工具选项栏中设置不透明度为38%。

No2　在图像的近处主体部分进行涂抹。

图 16-9

03　完成制作晨雾效果

通过以上操作,即可完成制作晨雾的效果。

Section

16.2　制作火焰字

本节导读

火焰字是指仿佛着了火的文字，使用 Photoshop CS4 可以制作出这种效果的文字，制作该效果的文字主要应用【风】滤镜、【波纹】滤镜和图像模式等，本节介绍制作火焰字的具体方法。

16.2.1　创建图像文件

创建图像文件是制作火焰字的前提，为了突出火焰字，应创建一个与文字对比强烈颜色的文件，下面介绍具体的方法，如图 16-10 ~ 图 16-12 所示。

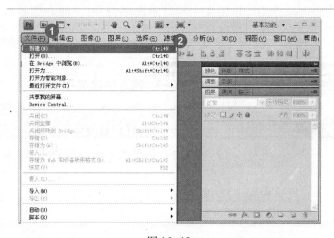

图 16-10

01 选择【新建】菜单项

No1 将背景色设置为黑色，在 Photoshop CS4 菜单栏中选择【文件】主菜单。

No2 在弹出的下拉菜单中选择【新建】菜单项。

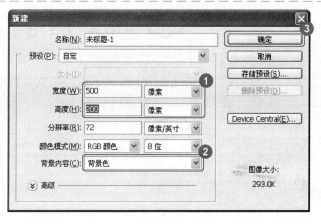

图 16-11

02 设置图像选项

No1 系统弹出【新建】对话框，设置宽度为 500 像素，高度为 200 像素。

No2 在【背景内容】下拉列表框中选择【背景色】列表项。

No3 单击对话框右侧的【确定】按钮 确定 。

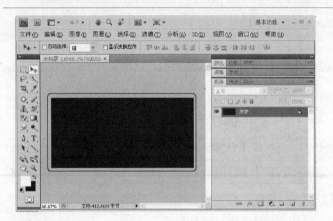

图 16-12

03 完成创建图像文件

通过以上操作即可完成创建火焰字的图像文件。

16.2.2 输入文字

如果准备制作火焰字,必须在文档中输入文字,并将文字与背景图层合并,下面介绍具体的方法,如图 16-13 ~ 图 16-15 所示。

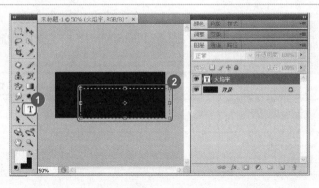

图 16-13

01 输入横排文字

No1 在 Photoshop CS4 工具箱中选择【横排文字】工具。

No2 在文档中创建定界框,输入文字,按下组合键〈Ctrl〉+〈Enter〉。

图 16-14

02 选择【向下合并】菜单项

No1 选中文字图层。

No2 在 Photoshop CS4 菜单栏中选择【图层】主菜单。

No3 在弹出的下拉菜单中选择【向下合并】菜单项。

图 16-15

03 完成输入文字

通过以上方法即可完成在 Photoshop CS4 中输入文字的操作。

16.2.3 应用【风】滤镜效果

在制作火焰字效果时,应用【风】滤镜可以产生火苗向上的效果,火苗的大小可以自己控制,下面介绍具体的方法,如图 16-16 ~ 图 16-21 所示。

图 16-16

01 选择【90 度(顺时针)】菜单项

No1 在 Photoshop CS4 菜单栏中选择【图像】主菜单。

No2 在弹出的下拉菜单中选择【图像旋转】菜单项。

No3 在弹出的子菜单中选择【90 度(顺时针)】菜单项。

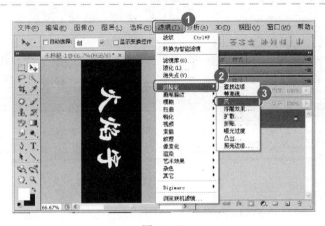

图 16-17

02 选择【风】菜单项

No1 在 Photoshop CS4 菜单栏中选择【滤镜】主菜单。

No2 在弹出的下拉菜单中选择【风格化】菜单项。

No3 在弹出的子菜单中选择【风】菜单项。

图 16-18

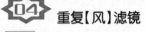

03 设置【风】滤镜

No1 系统弹出【风】对话框,在【方法】区域选中【风】单选按钮。

No2 在【方向】区域选中【从左】单选按钮。

No3 单击【确定】按钮 确定 。

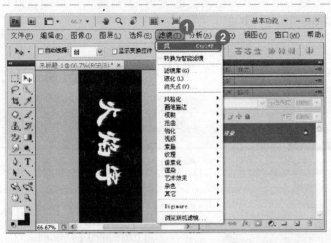

图 16-19

04 重复【风】滤镜

No1 在 Photoshop CS4 菜单栏中选择【滤镜】主菜单。

No2 在弹出的下拉菜单中连续3 次选择【风】菜单项。

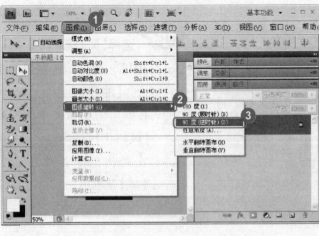

图 16-20

05 选择【90 度(顺时针)】菜单项

No1 在 Photoshop CS4 菜单栏中选择【图像】主菜单。

No2 在弹出的下拉菜单中选择【图像旋转】菜单项。

No3 在弹出的子菜单中选择【90度(逆时针)】菜单项。

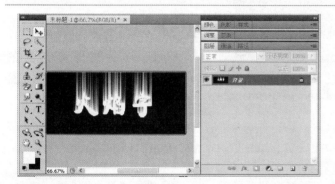

图 16-21

06 完成使用【风】滤镜

通过以上方法即可完成使用【风】滤镜，形成火焰的雏形。

16.2.4 应用【波纹】滤镜效果

使用【波纹】滤镜可以使火苗有抖动的自然感觉，下面介绍使用【波纹】滤镜制作抖动的方法，如图 16-22～图 16-24 所示。

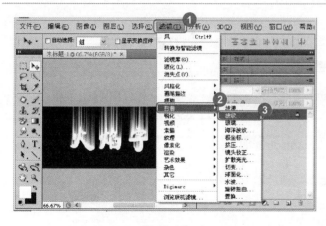

图 16-22

01 选择【波纹】菜单项

No1 在 Photoshop CS4 菜单栏中选择【滤镜】菜单项。

No2 在弹出的下拉菜单中选择【扭曲】菜单项。

No3 在弹出的子菜单中选择【波纹】菜单项。

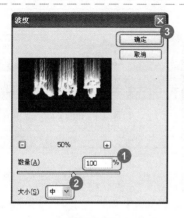

图 16-23

02 设置【波纹】滤镜

No1 系统弹出【波纹】对话框，在【数量】文本框中输入数值。

No2 在【大小】下拉列表框中选择【中】列表项。

No3 单击【确定】按钮 确定 。

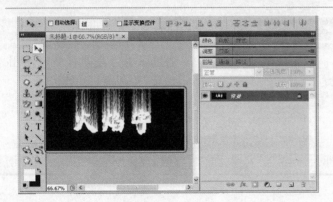

图 16-24

16.2.5 完善火焰字

通过波纹滤镜制作抖动效果后，火焰字基本成形，为了使颜色更真实，需要后期的完善，下面介绍具体的方法，如图 16-25 ~ 图 16-31 所示。

03 **完成【波纹】滤镜操作**

通过以上方法即可完成在 Photoshop CS4 中应用【波纹】滤镜的操作。

图 16-25

01 **选择【灰度】菜单项**

No1 在 Photoshop CS4 菜单栏中选择【图像】主菜单。

No2 在弹出的下拉菜单中选择【模式】菜单项。

No3 在弹出的子菜单中选择【灰度】菜单项。

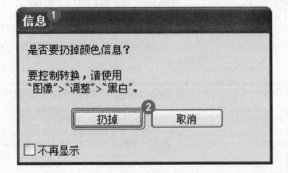

图 16-26

02 **单击【扔掉】按钮**

No1 系统弹出【信息】对话框。

No2 单击【扔掉】按钮 扔掉 。

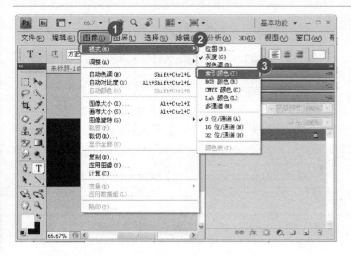

图 16-27

03 选择【索引颜色】菜单项

No 1　在 Photoshop CS4 菜单栏中选择【图像】主菜单。

No 2　在弹出的下拉菜单中选择【模式】菜单项。

No 3　在弹出的子菜单中选择【索引颜色】菜单项。

图 16-28

04 选择【颜色表】菜单项

No 1　在 Photoshop CS4 菜单栏中选择【图像】主菜单。

No 2　在弹出的下拉菜单中选择【模式】菜单项。

No 3　在弹出的子菜单中选择【颜色表】菜单项。

图 16-29

05 设置颜色

No 1　系统弹出【颜色表】对话框，单击【颜色表】下拉列表框右侧的下拉箭头，在弹出的下拉菜单中选择【黑体】列表项。

No 2　单击【确定】按钮 确定。

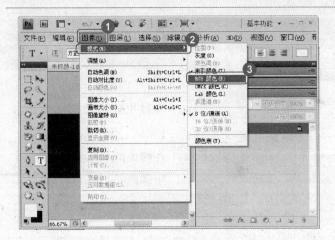

图 16-30

06 选择【RGB 颜色】菜单项

No1 在 Photoshop CS4 菜单栏中选择【图像】主菜单。

No2 在弹出的下拉菜单中选择【模式】菜单项。

No3 在弹出的子菜单中选择【RGB 颜色】菜单项。

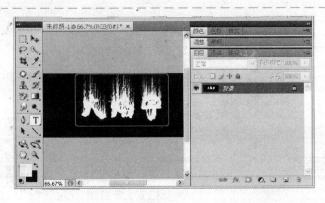

图 16-31

07 完成制作火焰字

通过以上方法即可完成使用 Photoshop CS4 制作火焰字的操作。

读书笔记